LE SYSTÈME SOLAIRE, LE SOLEIL ET LES PLANÈTES

LE SYSTÈME SOLAIRE
LE SOLEIL ET LES PLANÈTES

LE SYSTÈME SOLAIRE, LE SOLEIL ET LES PLANÈTES

INDICE
- 3 **LE SYSTÈME SOLAIRE**
- 5 Corps mineurs du système solaire
- 7 SOLEIL
- 10 COMETES
- 12 METEORITES
- 14 MERCURE
- 16 VENUS
- 17 LUNE
- 21 Voyage sur la Lune
- 23 LA TERRE
- 27 MARS
- 32 **CEINTURE D'ASTEROIDES**
- 34 • CERES
- 36 • VESTA
- 37 • PALLAS
- 38 **JUPITER**
- 39 • GANYMEDE
- 40 • CALLISTE
- 41 • IO
- 42 • EUROPE
- 44 **SATURNE**
- 46 • TITAN
- 48 • RHEA
- 49 • JAPET
- 49 • ENCELADE
- 52 • PHOEBE
- 52 **URANUS**
- 54 • TITANIA
- 55 • MIRANDA
- 56 • OBERON
- 57 • NEPTUNE
- 58 • TRITON
- 59 • NEREIDE
- 60 **PLUTON**
- 62 • CHARON
- 63 • Des Satellites plus Petits
- 65 **PLANETES NAINES AU-DELA DE PLUTON**
- 65 • QUAOAR
- 65 • SEDNA
- 66 • HAUMEA
- 67 • ORCUS
- 67 • ERIS
- 68 • MAKEMAKE
- 68 • GONGGONG
- 70 Sincères Remerciements

LE SYSTÈME SOLAIRE

Pythagore disait déjà que la Terre était une sphère basée sur l'observation de l'ombre des éclipses ; et au 3ème siècle avant JC. **Aristarque** était un partisan du modèle héliocentrique, mais le modèle géocentrique (planètes et soleil en orbite autour de la Terre) a été largement accepté jusqu'à **Nicolas Copernic.**
Galilée découvre que des satellites tournent autour de Jupiter et est accusé d'hérésie.
Johannes Kepler explique mathématiquement comment les planètes se déplacent autour du soleil. Plus tard, **Isaac Newton** détermina les lois de la gravité.

Le système solaire s'est formé il y a 4,6 milliards d'années par l'effondrement d'un nuage de poussière d'étoiles qui, sous l'effet de la gravité, a formé un disque protoplanétaire d'où ont émergé les planètes.

LE SYSTÈME SOLAIRE, LE SOLEIL ET LES PLANÈTES

Il est situé dans la région du **bras d'Orion de la Voie Lactée,** à 28 000 années-lumière de son centre.

Le nuage primordial à partir duquel le soleil et les planètes se sont formés mesurait plusieurs années-lumière et avait déjà formé d'autres étoiles de première génération qui ont produit des matériaux plus lourds tels que des métaux.

Plus de masse s'est accumulée au centre et elle a tourné de plus en plus vite.

Près du soleil, seuls les métaux pouvaient exister sous forme solide car les gaz s'évaporaient et se formaient des **planètes rocheuses** : Mercure, Vénus, la Terre et Mars, qui ne pouvaient pas être grandes car ces éléments lourds étaient les plus rares.

Loin du Soleil, où les températures étaient plus basses, les éléments légers peuvent exister à l'état solide, et comme ils sont les plus abondants, ils ont formé **les planètes géantes gazeuses :** Jupiter, Saturne, Uranus et Neptune.

Lorsque la pression thermique égala la gravité, la fusion thermonucléaire de l'hydrogène commença, qui durera 10 milliards d'années.

Le Soleil est le seul objet du système solaire qui émet de la lumière grâce à la fusion thermonucléaire de l'hydrogène transformé en hélium.

Il mesure 1 400 000 km de diamètre et contient 99,8 % de la masse du système solaire.

Le vent solaire est un flux de plasma provenant du Soleil qui traverse le système solaire jusqu'à ses limites dans **le nuage d'Oort** à une année-lumière du Soleil.

LE SYSTÈME SOLAIRE, LE SOLEIL ET LES PLANÈTES

Les planètes et les astéroïdes tournent autour du soleil sur des orbites elliptiques dans le sens inverse des aiguilles d'une montre.

- **Planètes intérieures ou telluriques :** Mercure, Vénus, Terre et Mars.
- **Planètes extérieures ou planètes géantes** : Jupiter et Saturne (géantes gazeuses) ; Uranus et Neptune (géantes des glaces).Toutes les planètes géantes sont entourées d'anneaux.

Les planètes naines ont suffisamment de masse pour prendre une forme sphérique en raison de la gravité, mais pas pour attirer ou expulser tous les objets qui les entourent.

Corps mineurs du système solaire :
Astéroïdes, météorites et comètes.
Des corps qui, sans être un satellite, n'ont pas assez de masse pour atteindre une forme sphérique (environ 800 km de diamètre).

LE SYSTÈME SOLAIRE, LE SOLEIL ET LES PLANÈTES

Hormis **les objets transneptuniens, Vesta** et **Pallas** sont les plus grands petits corps du système solaire, avec un diamètre d'un peu plus de 500 km.

-**Les astéroïdes** sont des corps plus petits situés dans une zone située entre les orbites de Mars et Jupiter. Sa taille varie entre 50 mètres et 1 000 kilomètres de diamètre.
-**Les météorites** sont des objets de moins de 50 mètres de diamètre mais plus gros que les particules de poussière cosmique. Il s'agit généralement de fragments de comètes ou d'astéroïdes.
-**Les satellites** sont des corps en orbite autour des planètes.

En dehors de l'orbite de Neptune se trouvent **la ceinture de Kuiper et le nuage d'Oort,** où des planètes naines ont été découvertes. L'espace interplanétaire n'est pas complètement vide, il y a des particules de gaz et de poussière provenant de l'évaporation des comètes et des impacts de météorites sur la surface des planètes, qui, en raison de leur faible gravité, ne peuvent pas retenir tout le matériel de la collision.

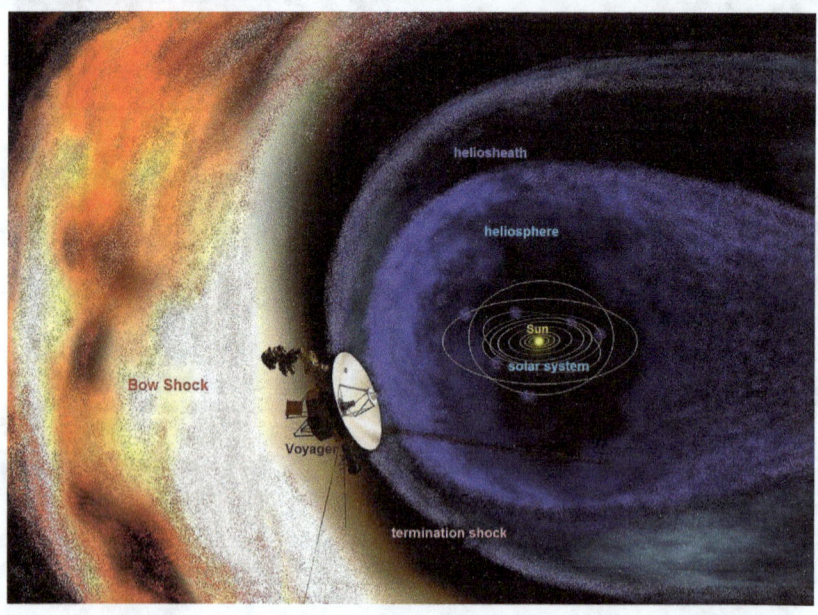

LE SYSTÈME SOLAIRE, LE SOLEIL ET LES PLANÈTES

Il existe également des particules énergétiques provenant du soleil (**vent solaire**). qui atteignent la limite du système solaire (**héliopause**), soit 100 fois la distance du Soleil à la Terre.

SOLEIL

Le soleil est une boule de plasma qui crée un gigantesque champ magnétique. Il est composé à 75 % d'hydrogène.
La distance entre le Soleil et la Terre est de 1 unité astronomique (150 millions de kilomètres), soit 400 fois la distance de la Lune, et son diamètre est 109 fois plus grand.
Tous les 11 ans, le Soleil connaît un cycle d'activité accrue.
Comme tout autre objet de l'univers, toute la matière qui le compose est attirée vers le centre par la gravité, ce qui crée sa propre masse.

La température au centre du soleil atteint 15 millions de degrés Celsius.

LE SYSTÈME SOLAIRE, LE SOLEIL ET LES PLANÈTES

Les taches solaires sont des zones où la température est plus basse que le reste.

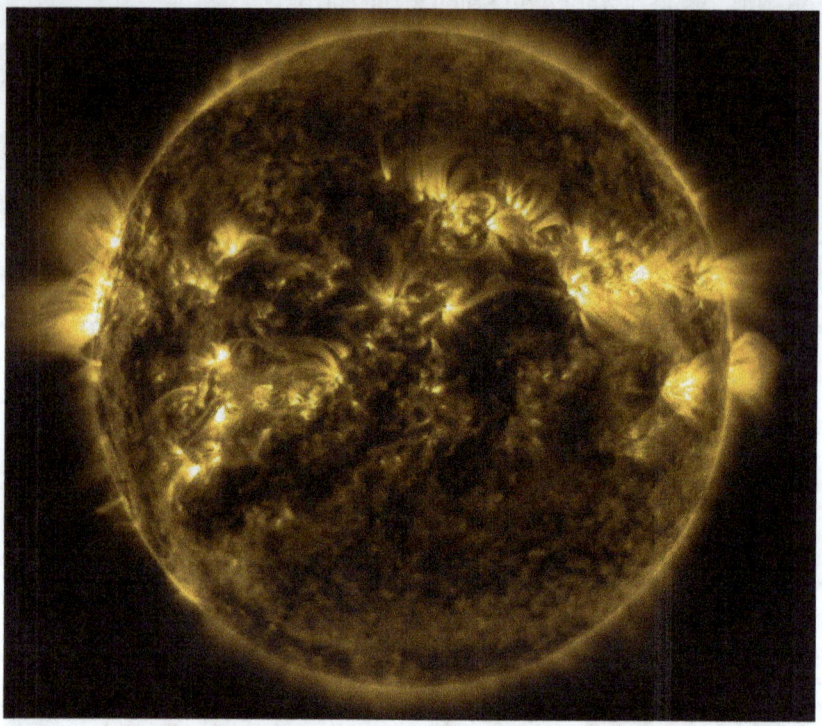

La température et la pression gravitationnelle sont si élevées que la matière à l'intérieur des étoiles atteint un état ni gazeux, ni solide, ni liquide, appelé plasma, le quatrième état de la matière.

Le soleil convertit entre 500 et 700 millions de tonnes d'hydrogène en hélium chaque seconde, émettant ainsi plus de 4 millions de tonnes d'énergie.
Lors des réactions de fusion, il y a une perte de masse, ce qui signifie que l'hydrogène consommé pèse plus que l'hélium produit. Cette différence de masse est convertie en énergie.
Le rayonnement solaire est estimé à 1 000 watts par m².

L'énergie générée au cœur du soleil met un million d'années à pour

LE SYSTÈME SOLAIRE, LE SOLEIL ET LES PLANÈTES

atteindre la surface du soleil.
Une forte gravité empêche les photons de s'échapper, créant ainsi un **magnétisme solaire (vent solaire)**.

Le vent solaire pousse les particules de gaz et de poussière vers les limites du système solaire. Là, des comètes se forment à partir de ces matériaux et reviennent vers le soleil dans un cycle sans fin.

Si le Soleil consomme tout l'hydrogène d'ici 5 milliards d'années, il deviendra une étoile géante rouge, qui deviendra environ 300 fois plus grande et commencera à brûler de l'hélium.
Ensuite, il générera plus d'énergie que jamais auparavant, faisant fondre les planètes intérieures et expulsant une grande partie de sa masse sous la forme d'une nébuleuse jusqu'à ce que le soleil brûle tout l'hélium, refroidisse complètement et devienne une naine blanche, l'une des plus denses de l'univers.
Le Soleil n'explosera pas en supernova car il n'a pas assez de masse.
La combinaison de la taille et de la distance du soleil et de la lune donne l'impression qu'ils ont la même taille.

La lumière blanche du soleil se compose de 7 couleurs : rouge, jaune, bleu, vert, indigo, orange et violet. Lorsqu'un rayon de lumière traverse une goutte de pluie sous un angle de 40 degrés, il se décompose en toutes les couleurs qui composent le blanc. Ce sont des millions de nuances, dont l'œil ne peut en percevoir que quelques-unes.

COMÈTES

Ce sont des objets constitués de roches, de glace et de gaz tels que le dioxyde de carbone et le méthane qui gravitent autour des étoiles.
Ils contiennent également des composés organiques, les mêmes que ceux qui ont formé la vie sur Terre. Certaines théories affirment donc que la vie est née de la collision d'une comète.
Il y a plus de 4 595 comètes en orbite autour de notre soleil. Même si l'on estime qu'il pourrait y avoir plus d'un milliard de personnes aux confins du système solaire, dans la zone appelée nuage d'Oort.
-**La partie centrale ou noyau** peut avoir une longueur comprise entre 100 mètres et 30 kilomètres.
-**Ses cheveux ou sa queue** peuvent mesurer plus de 150 millions de kilomètres de long, soit la distance de la Terre au Soleil, et sont constitués de jets de gaz et de poussières.

Le Comète Mc Naugth

À mesure qu'elles s'approchent du Soleil, le nuage environnant de particules de gaz et de poussières se charge d'électricité grâce à l'énorme champ magnétique du Soleil (vent solaire), grandissant de plus en plus et formant les longs cheveux de la comète.

LE SYSTÈME SOLAIRE, LE SOLEIL ET LES PLANÈTES

Les poils de gaz de la comète peuvent être vus à l'horizon juste avant le lever du soleil ou après la tombée de la nuit lorsque l'on regarde vers le soleil.

Les premières données sur l'observation d'une comète remontent à 230 avant JC.

En 44 av. En 300 avant JC, le jour même où commençaient les célébrations de la mort de **Jules César**, un commentaire lumineux apparut dans le ciel de Rome et fut visible en plein jour pendant sept jours consécutifs.

Ce fait a été interprété comme un signe que l'âme de César était montée au ciel avec les autres dieux. Son neveu Octavius Augustus a répandu cette idée pour soutenir sa candidature au gouvernement de Rome et a même construit un temple pour adorer la comète.

En 66 av. **La célèbre comète de Halley** a été vue pour la première fois, mais on ne savait pas quand elle reviendrait. En 1705, l'astronome **Edmund Halley** a déterminé que l'orbite de la comète autour du Soleil prend 76 ans et a calculé qu'elle reviendrait en 1758. C'était votre nom.

Comète Halley, comète Hale-Bopp et Deep Impact

En 1811, une comète était visible à l'œil nu pendant sept mois entre mars et septembre. On estime qu'il lui faudra près de 4 000 ans pour atteindre son orbite.

LE SYSTÈME SOLAIRE, LE SOLEIL ET LES PLANÈTES

La plupart des comètes mettent généralement entre 20 et 200 ans pour revenir, mais certaines mettent des milliers d'années et d'autres, comme la comète Encke, reviennent au Soleil tous les trois ans.
Cependant, comme il a perdu la quasi-totalité de son gaz, il n'est plus visible. A l'œil nu.
Chaque fois qu'une comète passe près du Soleil, elle perd une partie du gaz contenu dans sa queue. Après environ 2 000 orbites, il manque de gaz et devient un astéroïde.
En 1910, la queue de la comète de Halley mesurait 30 millions de kilomètres, soit un cinquième de la distance Terre-Soleil.
Lorsque la Terre traverse la même zone de l'espace qu'une comète a déjà traversée, les petits fragments qu'elle a détachés de sa queue sont attirés par la gravité terrestre et tombent sous forme d'étoiles filantes.

MÉTÉORITES

Ce que nous appelons étoiles filantes sont en réalité des roches de différentes tailles attirées par la gravité et appelées météorites.

Lorsque la roche tombe à grande vitesse, la friction avec l'atmosphère la fait atteindre une température si élevée qu'elle brille dans le ciel pendant quelques secondes comme s'il s'agissait d'une étoile.
Le Grec **Anaxagore** pensait déjà que les météorites étaient des objets provenant du soleil et des pierres brûlantes.
Au début du XIXe siècle, **Chladni** fut le premier scientifique à accepter leur origine extraterrestre.
On estime que plus de 10 000 météorites, pas plus grosses qu'un

LE SYSTÈME SOLAIRE, LE SOLEIL ET LES PLANÈTES

ballon de football, tombent chaque année à la surface de la Terre. Avant de toucher le sol, la plupart se décomposent en particules plus petites que des grains de sable. Cependant, des météorites plus grosses peuvent s'écraser sur la surface et former d'énormes cratères d'impact.

Les météorites se déplacent contre l'atmosphère et atteignent des températures supérieures à 2 000 degrés Celsius.

Les météorites silicatées représentent près de 90 % du total, certaines provenant de
sur les origines du système solaire ; d'autres proviennent d'autres impacts de météorites sur Mars et la Lune ; ceux métalliques sont inférieurs à 10 %.

•**Les météorites métalliques** (fer et nickel) fondent plus facilement que les météorites rocheuses car elles sont de bons conducteurs de chaleur, même si elles peuvent atteindre la surface de la Terre sans se briser en millions de morceaux.

•**Les météorites rocheuses** se décomposent en fragments de plus en plus petits jusqu'à ce qu'elles se désintègrent complètement avant d'atteindre le sol, formant des traînées lumineuses, semblables à des feux d'artifice.

Seuls ceux qui mesurent plusieurs kilomètres peuvent résister aux frottements de l'atmosphère et aux températures élevées.

•**La météorite ALH 84001** vient de Mars et est âgée de 4,5 milliards d'années. La collision d'une météorite avec la surface martienne a arraché cette roche de la planète, qui a surmonté la gravité de Mars et a atteint la Terre, après avoir voyagé dans l'espace pendant des milliers d'années.

•**La plus grosse météorite** trouvée est **Hoba**, pesant 66 000 kg. Il a été découvert dans le désert namibien en 1920 et serait tombé sur Terre il y a plus de 80 000 ans.

Le Météorite Hoba

•L'une de ces météorites est tombée il y a 65 millions d'années dans ce qui est aujourd'hui **la péninsule du Yucatan** au Mexique, formant un énorme cratère et soulevant un nuage de poussière et de cendres si grand qu'il a recouvert la terre pendant des années.

Le fer provient d'étoiles beaucoup plus grosses que le Soleil, qui, en consommant tout l'hélium, fabriquent des métaux lourds comme le fer, créant tellement de fer que la gravité annule la force nucléaire et que l'étoile s'effondre sous la forme d'une supernova, les expulsant tous. éléments au cosmos.

MERCURE

Les Sumériens l'observèrent 3000 ans avant Jésus-Christ.
Les Babyloniens l'appelaient le messager des dieux et atteignirent la Grèce et Rome, qui l'identifièrent au **dieu Hermès/Mercure.**

LE SYSTÈME SOLAIRE, LE SOLEIL ET LES PLANÈTES

Mercure n'est visible que pendant une courte période au lever et au coucher du soleil.
C'est la plus petite planète du système solaire et la plus proche du soleil.

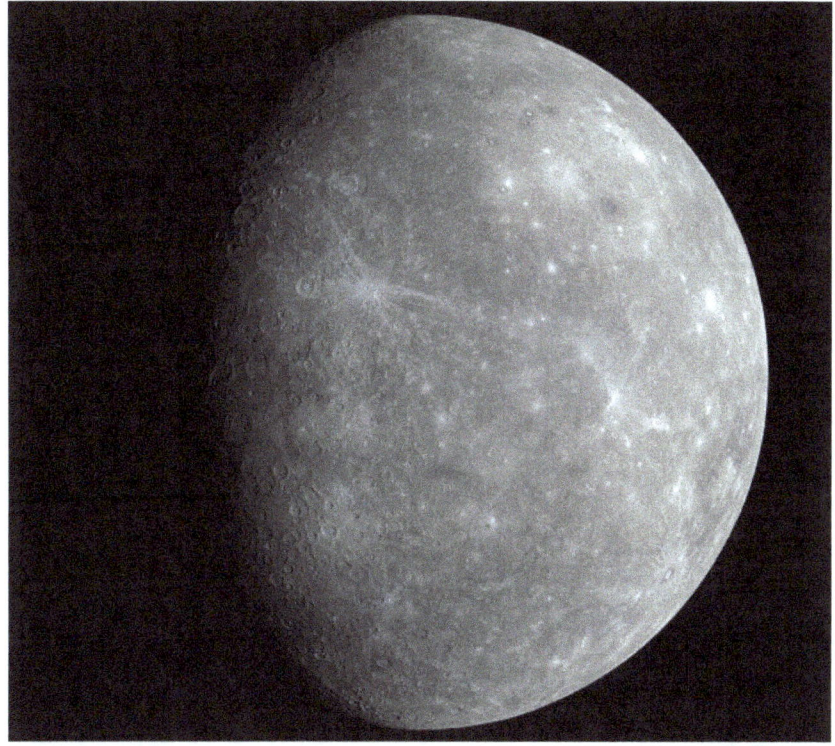

Il est constitué de roche et n'a ni atmosphère ni satellites.
Une journée sur Mercure dure 58 jours terrestres. Il faut 88 jours pour effectuer une révolution autour du soleil.
Les températures varient entre 350 degrés Celsius pendant la journée et −170 degrés Celsius la nuit. De la glace a été trouvée au fond de certains cratères.
Tout comme sur Terre, il existe un champ magnétique.
Étrangement, il se lève et se couche deux fois au cours de cette longue journée de 58 jours terrestres.
Le soleil se lève et semble rester immobile dans le ciel tout en se

déplaçant dans la direction opposée.

VÉNUS
Il porte le nom de **la déesse romaine de l'amour (Vénus/Aphrodite).**
C'est l'objet le plus brillant du ciel nocturne après la lune.
On peut l'observer trois heures avant le lever du soleil ou trois heures après le coucher du soleil.

Surface de Vénus, obtenue par radar

C'est la deuxième planète la plus proche du système solaire et la troisième plus grande après Mars et Mercure. Elle n'a pas de satellites et son champ magnétique est très faible.
C'est une planète rocheuse et possède l'une des orbites les plus sphériques.

LE SYSTÈME SOLAIRE, LE SOLEIL ET LES PLANÈTES

Les températures atteignent 460 degrés Celsius, bien plus élevées que sur Mercure, et en raison de la couverture nuageuse dense, il y a peu de fluctuations thermiques.

La **pression atmosphérique** est 90 fois supérieure à celle de la Terre (équivalente à la pression à 1 000 mètres de profondeur dans l'océan).

Son atmosphère est très dense et composée à plus de 90 % de dioxyde de carbone (CO_2) et d'azote. En raison de cette forte densité, les météorites de moins de 3 km² n'atteignent pas leur surface et se désintègrent complètement.

Les nuages sont constitués de dioxyde de soufre et d'acide sulfurique et ont des vitesses de vent allant jusqu'à 350 km/h dans les niveaux les plus élevés de l'atmosphère, ce qui est plus dévastateur que sur Terre.

Venus couverte de nuages

Un jour sur Vénus équivaut à 243 jours sur Terre. De plus, la planète tourne dans le sens opposé à la Terre, c'est-à-dire d'ouest en est, de sorte que le soleil se lève à l'ouest et se couche à l'est.

La planète est couverte de deux vastes plateaux séparés par une plaine.

LE SYSTÈME SOLAIRE, LE SOLEIL ET LES PLANÈTES

LUNE
Dans la Grèce antique, **Anaxagore** croyait que le soleil et la lune étaient deux
des objets sphériques gigantesques et que la lumière de la lune reflétait la lumière du soleil.
En 1609, **Galilée** observa les cratères de la Lune.

On pense qu'un objet de la taille de Mars est entré en collision avec la Terre et que la Lune s'est formée à partir de ses restes.

LE SYSTÈME SOLAIRE, LE SOLEIL ET LES PLANÈTES

C'est le cinquième satellite du système solaire, son diamètre est de 3474,8 km, soit 1/5 du diamètre de la Terre.

La Lune tourne autour de la Terre à plus de 3 600 km par heure, et comme l'orbite n'est pas exactement circulaire, la distance la plus proche de la Terre est de 363 000 km et la distance à laquelle elle est la plus éloignée de la Terre est de 405 000 km.

La distance moyenne entre la Terre et la Lune est de 384 000 km
En 400 avant JC, **Hipparque** calcula avec une grande précision la distance entre la Terre et la Lune.

La masse de la Terre est 80 fois supérieure à celle de la Lune, donc la gravité sur la Lune est 6 fois inférieure à celle sur Terre.

Sur Mars, la gravité est la moitié de celle de la Terre, donc un astronaute qui pèse 100 kg sur Terre pèsera 16,6 kg sur la Lune et 50 kg sur Mars.

Sur la Lune, un astronaute peut sauter jusqu'à 2,5 mètres de haut.

LE SYSTÈME SOLAIRE, LE SOLEIL ET LES PLANÈTES

Un jour sur la Lune équivaut à près de 30 jours sur Terre. Une nuit sur la Lune équivaut à près de 30 nuits sur Terre.
Parce qu'il lui faut le même temps pour tourner sur son axe que pour effectuer une rotation complète dans le sens inverse des aiguilles d'une montre autour de la Terre, il fait toujours face au même côté ou hémisphère et peut voir jusqu'à 60 % de sa surface.
Le soleil éclaire toujours la moitié de la lune.

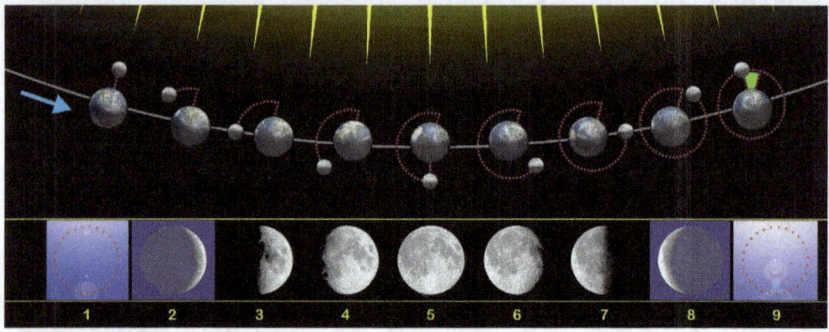

On sait que la Lune s'éloigne de la Terre de 4 centimètres par an, ce qui augmente progressivement la durée des jours sur Terre, c'est-à-dire réduit la vitesse de rotation de la Terre.

-**Les éclipses lunaires** se produisent lorsque la Terre s'interpose entre le soleil et la lune, projetant sa propre ombre qui obscurcit la lune.
Le diamètre du Soleil est 400 fois plus grand que celui de la Lune, mais il est 400 fois plus éloigné que la Lune, la différence de taille est donc compensée.

La lune n'a ni champ magnétique ni atmosphère, ce qui entraîne d'importantes fluctuations de température entre le jour et la nuit, atteignant 120 degrés Celsius le jour et -230 degrés Celsius la nuit.
La température moyenne est de 100 degrés Celsius pendant la journée ; et la nuit, il fait -153 degrés Celsius.

Parce qu'il n'y a pas d'atmosphère, il n'y a pas de vent et sa surface ne s'érode pas.
On peut voir les cratères formés par les impacts d'astéroïdes tels qu'ils étaient lors de leur chute il y a 3 milliards d'années.

LE SYSTÈME SOLAIRE, LE SOLEIL ET LES PLANÈTES

On pense qu'il y avait bien plus tôt une activité géologique intense, avec de nombreuses éruptions volcaniques qui formaient des surfaces plus plates appelées mers.

Plus de 300 millions de tonnes de glace ont été trouvées dans les cratères polaires parce que la lumière du soleil n'atteint jamais l'intérieur et que la température est toujours autour de -240 degrés Celsius. Les impacts de comètes ou le vent solaire peuvent également créer de l'eau sous la surface lunaire.

En 2013, une météorite d'un diamètre de 1,4 mètre et pesant 400 kg est entrée en collision dans ce qu'on appelle la mer de nuages.

Lancement de la fusée Apollo 11

Voyage sur la Lune

Les missions Apollo ont mis trois jours pour atteindre la Lune. Lorsque les premiers astronautes ont atteint la surface, la température était de 130 degrés Celsius.
Ils étaient protégés par d'épaisses combinaisons pesant plus de 130 kg et comportant 14 couches d'isolation.

En 1969, **Apollo 11 atterrit Mission** des premiers humains sur la lune. L'ordinateur de la mission Apollo 11 qui contrôlait le module de commande ne disposait que de 4 kilo-octets de RAM et de 32 kilo-octets de ROM, soit moins de stockage que n'importe quel ancien téléphone avant les smartphones.

La dernière mission habitée fut **Apollo 17** en 1972.

La **mission Apollo 14** a transporté 500 graines de pins, de sapins et de figuiers et des séquoias sur la Lune, et ont été exposés directement à la lumière du soleil, pour voir quels

effets les rayons cosmiques produisaient sur eux.
Plus tard, ils ont été amenés sur Terre et plantés à divers endroits, où ont germé plus de 400 graines, appelées les arbres de la Lune.
En 2019, **la mission chinoise Chang'e 4** a transporté sur la Lune des graines de coton, de colza et de pomme de terre, qui ont réussi à germer pendant quelques jours.
La mission Artemis visitera la Lune entre 2022 et 2028.

Rover lunaire Apollo 15

LA TERRE

La Terre tourne autour de son axe à une vitesse de 1 600 km/h (mouvement de rotation) et se déplace autour du soleil à 107 000 km/h (mouvement de translation). En une révolution autour du soleil, il parcourt 930 millions de km.

La Terre n'est pas complètement ronde car elle est 43 km plus large à l'équateur qu'aux pôles.

La lumière du soleil met 8 minutes et 17 secondes pour atteindre la Terre.

-La Terre possède un champ magnétique qui la protège des rayons cosmiques ou des particules de haute énergie qui parviennent à traverser l'héliosphère.

LE SYSTÈME SOLAIRE, LE SOLEIL ET LES PLANÈTES

Le pôle nord magnétique de la Terre ne se trouve pas exactement en son centre géographique, mais à environ 1 600 kilomètres.

-L'attraction gravitationnelle de la Lune attire tout ce qui se trouve sur Terre. De très grands objets tels que des plans d'eau sont influencés par cette attraction et créent des fluctuations de niveau, appelées marées.

Dans une étendue d'eau plus petite, comme un lac, il y a des marées, mais elles sont si petites qu'elles ne sont pas visibles à l'œil nu.

Par exemple, en Méditerranée, ils peuvent s'étendre jusqu'à 30 centimètres entre la marée haute et la marée basse.

La gravité de la Lune affecte également la rotation de la Terre.

Il y a 4 milliards d'années, la Lune se trouvait à 22 000 km de la Terre et notre planète tournait très vite.

Il y a 1,4 milliard d'années, une journée durait 18 heures.

Depuis lors, la Lune s'est progressivement éloignée de la Terre, la faisant tourner plus lentement, allongeant ainsi les jours.

Lorsque la Lune s'éloignera suffisamment, dans plusieurs millions d'années, la gravité qu'elle exerce sera si faible que l'axe de la Terre changera de position et tournera autour de la zone équatoriale, tout comme le fait Uranus.

-Les températures à la surface de la Terre varient entre 57 et -90 degrés Celsius, avec des vitesses de vent supérieures à 200 km/h.

La différence de température entre les masses d'air crée des vents. L'air chaud pèse moins et monte ; L'air froid pèse plus et coule.

LE SYSTÈME SOLAIRE, LE SOLEIL ET LES PLANÈTES

Les masses d'air très froides forment de minuscules cristaux de glace chargés électriquement et lorsqu'elles atteignent un certain niveau, une décharge électrique ou un éclair se produit.
La plupart des éclairs se produisent entre les nuages et n'atteignent pas le sol.

-La foudre a une charge électrique de 15 millions de volts.
Le flux de courant atteint 200 000 ampères.
La température atteint 30 000 degrés Celsius. La longueur des rayons est comprise entre 1,5 et 12 km et ils se déplacent dans l'air à une vitesse de plus de 200 000 km par heure.
Plus de 2 000 tempêtes se forment chaque jour sur Terre.

Au Venezuela, à l'embouchure du fleuve Catatumbo, dans la région du lac Maracaibo, des tempêtes surviennent chaque nuit entre avril et novembre. Le phénomène se produit depuis 200 ans et représente plus de 10 % de l'ozone terrestre.

-Les ouragans se forment près de l'équateur et se déplacent d'est en ouest, dans le même sens que la rotation de la Terre, traversant les océans.

LE SYSTÈME SOLAIRE, LE SOLEIL ET LES PLANÈTES

-**La température à l'intérieur de la terre** se situe entre 3 500 et 5 200 degrés Celsius et la pression est 3,5 millions de fois supérieure à celle du niveau de la mer.
Sous la croûte terrestre se trouve le manteau.
•Sa partie supérieure est constituée de matériaux solides pouvant s'étirer et se contracter sans se casser.
•Sa partie inférieure est constituée de roches en fusion et de matériaux liquides qui génèrent des flux de **magma** en raison des différences de température et de densité :
•Les matériaux plus chauds sont moins denses, pèsent moins et montent.
•Les matériaux plus froids sont plus denses, pèsent plus et coulent.

Voie lactée au-dessus du cratère du Kilauea

LE SYSTÈME SOLAIRE, LE SOLEIL ET LES PLANÈTES

À mesure que ces flux de magma remontent vers la croûte, ils la brisent, formant des plaques à travers lesquelles s'échappent la chaleur, la roche en fusion et des gaz tels que le dioxyde de carbone.
Le magma atteint une température de 1 200 degrés Celsius (2 100 degrés Fahrenheit) et peut former un cône volcanique.
La plupart des îles se sont formées sur le fond marin à partir de matériaux éjectés des volcans sous-marins.
Les plaques tectoniques glissent ou accumulent continuellement des contraintes jusqu'à ce qu'elles atteignent un niveau où le glissement se produit, entraînant un tremblement de terre.
Plus de 500 000 tremblements de terre se produisent chaque année.

MARS

C'est la planète rocheuse la plus éloignée du Soleil et qui fait la moitié de la taille de la Terre.

LE SYSTÈME SOLAIRE, LE SOLEIL ET LES PLANÈTES

Son nom vient du **dieu gréco-romain de la guerre Mars/Arès.**
Elle possède une atmosphère très mince avec une pression 100 fois inférieure à celle de la Terre, composée à 95 % de dioxyde de carbone, d'azote et d'argon.
Il possède un noyau composé de fer, de nickel et de soufre, moins dense que le noyau terrestre et dont la gravité est de 40 %.

L'inclinaison de son axe de rotation est similaire à celle de l'axe de la Terre, Mars a donc aussi des saisons.
Mars a besoin de 687 jours pour orbiter autour du soleil.
Une journée sur Mars dure 24 heures et 39 minutes.
Un an sur Mars équivaut à 1 an et 10 mois sur Terre.

-La planète possède la plus haute montagne du système solaire, le mont Olympe, mesurant 25 kilomètres de haut, 600 kilomètres de large et un plateau qui s'étend sur 40 % de la surface de la planète.

LE SYSTÈME SOLAIRE, LE SOLEIL ET LES PLANÈTES

-La grande gorge appelée Valle Marineris a une longueur de 3000 km, une largeur de 600 km et une profondeur de 8 km.
-Les 3/4 de Mars sont recouverts de roches rouges.

Cratère Endurance

Le robot Rover Opportunity a exploré la surface du **cratère Endurance** et du **cratère Victoria**. Il a été actif entre 2004 et 2018. Lorsque les communications ont été perdues, le véhicule a parcouru plus de 42 km du sol martien.

La température moyenne est de -55° degrés Celsius.
Les températures minimales aux pôles peuvent descendre jusqu'à -130 degrés Celsius.

LE SYSTÈME SOLAIRE, LE SOLEIL ET LES PLANÈTES

Les températures quotidiennes maximales à l'équateur peuvent dépasser 20 degrés Celsius. tandis que les basses températures nocturnes peuvent descendre jusqu'à -80 degrés Celsius.

Il y a eu un océan qui a recouvert les deux tiers de la planète pendant 1,5 milliard d'années.
Lorsque le champ magnétique de Mars a disparu il y a 4 milliards d'années, l'atmosphère s'est échappée dans l'espace, provoquant une baisse de la pression et de la température de la planète et la disparition de l'eau à la surface.

Nuages de glace d'eau

LE SYSTÈME SOLAIRE, LE SOLEIL ET LES PLANÈTES

À une pression atmosphérique aussi basse, la vapeur d'eau passe de l'état gazeux à l'état solide sous forme de glace à une température de −80 degrés Celsius.

Aux pôles se trouve une couche permanente de glace de CO^2 et de glace d'eau d'environ 100 km de long et 10 mètres de haut.

Les vents peuvent atteindre des vitesses supérieures à 150 km/h et former de vastes systèmes de dunes en surface.

Les tempêtes de sable peuvent durer des mois et se propager à la planète entière.
Il y a des nuages blancs composés de vapeur d'eau ou de dioxyde de carbone et des nuages jaunes constitués de particules de sable microscopiques qui donnent au ciel une teinte rose.
En hiver, la vapeur d'eau forme des nuages de cristaux de glace et de neige carbonique.

Mars possède deux **petits satellites** appelés Phobos et Déimos, dont les orbites sont très proches de la planète. Ils proviennent de la ceinture d'astéroïdes et ont été capturés par la gravité de la planète. Deimos est la plus petite et la plus éloignée de Phobos, la plus grande et la plus proche.
Il faut moins de 24 heures pour orbiter autour de Mars, donc elle se lève et se couche dans le ciel deux fois par jour.

Tailles des planètes terrestres

LE SYSTÈME SOLAIRE, LE SOLEIL ET LES PLANÈTES

CEINTURE D'ASTÉROÏDES

Elle est située entre les orbites de Mars et de Jupiter, à une distance comprise entre 2 et 4 unités astronomiques du Soleil.
Il se compose de plus de 500 000 astéroïdes d'un diamètre supérieur à 1,5 km et de 1 000 astéroïdes d'un diamètre supérieur à 15 km, ainsi que de vastes bandes de poussière cosmique de taille microscopique, largement séparées les unes des autres.
Elles tournent dans le même sens que les planètes autour du soleil et mettent entre 3 et 5 mois, voire 6 ans pour une révolution complète.

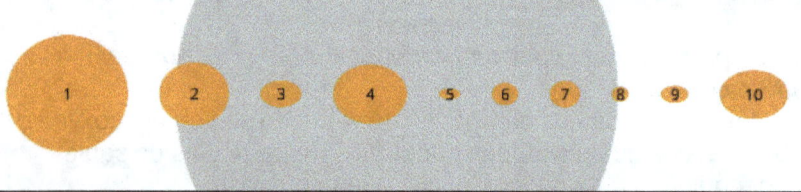

Lune 1 Cérès 2 Pallas 3 Junon 4 Vesta 5 Astraea 6 Hébé 7 Iris 8 Flore 9 Métis 10 Hygiea

Cérès (939 km) Vesta (525 km) Pallas (512 km) Hygiea (434 km)

Les astéroïdes de taille moyenne sont distants de 5 millions de kilomètres, les collisions se produisent donc à des centaines de milliers d'années d'intervalle.
Tous les 10 millions d'années, il y a une collision entre Astéroïdes dont les rayons sont supérieurs à 10 km. La collision conduit à la formation d'astéroïdes plus petits lorsque la vitesse est élevée. ou

LE SYSTÈME SOLAIRE, LE SOLEIL ET LES PLANÈTES

l'union des deux astéroïdes en un seul lorsque la vitesse est très faible, ce qui est rare.

Les plus gros objets de la ceinture sont **Cérès** à 950 km, suivi de **Pallas** et **Vesta** à la moitié de cette taille.

Vesta, Ceres et Mond

La ceinture d'astéroïdes se serait formée il y a 4,5 milliards d'années, en même temps que les planètes du système solaire.
À ce stade précoce de la formation du système solaire, ces astéroïdes étaient incapables de former une planète car ils étaient influencés par l'attraction gravitationnelle de Jupiter.
• Certains astéroïdes ont tellement accéléré dans leur trajectoire que lorsqu'ils sont entrés en collision avec d'autres à grande vitesse, ils ont été incapables de se combiner et de se diviser en fragments de plus en plus petits.
• D'autres astéroïdes ont tellement élargi leur orbite autour du soleil qu'ils sont entrés en collision avec le soleil ou ont été projetés dans **le nuage d'Oort**, à la limite du système solaire.
• Moins de 1 % des protoastéroïdes n'ont pas subi de collisions significatives et ont conservé leur forme originale.

Les astéroïdes les plus éloignés du Soleil conservent de l'eau, représentant 75 % du total.
Il existe des astéroïdes en fer, en nickel et même en platine.
Un tiers des astéroïdes gravitent autour du Soleil, se regroupant avec d'autres et formant des familles. Ils proviennent du même astéroïde qui est entré en collision avec un autre.

CÉRÈS

C'est le plus gros objet de la ceinture d'astéroïdes et est considéré comme une planète naine, l'une des plus anciennes planètes ou protoplanètes. Elle s'est formée il y a 4,5 milliards d'années, avec **Vesta** et **Pallas**.

Il a été découvert en 1801 et porte le nom de la déesse gréco-romaine de l'agriculture.
Il mesure 945 km de diamètre et possède une masse suffisante pour

LE SYSTÈME SOLAIRE, LE SOLEIL ET LES PLANÈTES

avoir une forme ronde en raison de la gravité.
Une journée sur Cérès dure 9 heures et il faut 4 ans et 6 mois pour orbiter autour du soleil.
Son axe de rotation est incliné de moins de 4 degrés, les régions polaires sont donc toujours exposées au soleil.

Il est rocheux et sa surface est recouverte de glace. On pense que l'eau liquide existe à de grandes profondeurs, certains cratères crachant une saumure dense.

La planète regorge de cratères mesurant entre 20 et 100 km de large, qui contiennent une grande quantité de glace. Le plus grand cratère mesure 280 km de large.

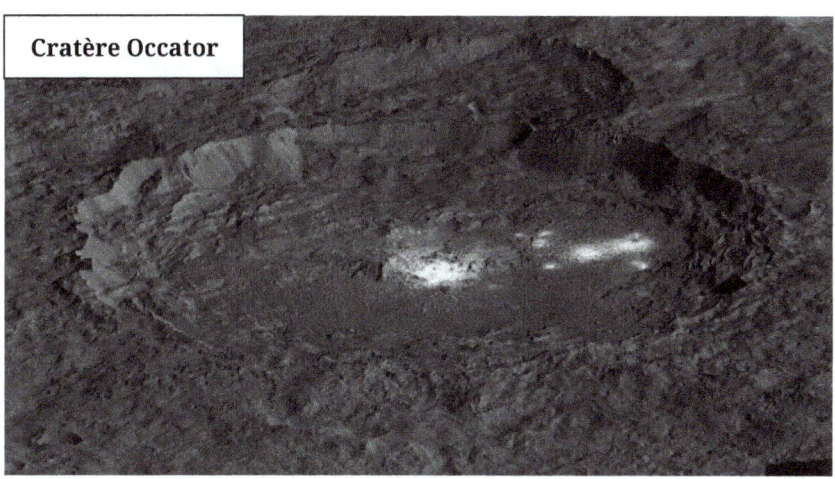

Cratère Occator

Il possède une atmosphère très légère de vapeur d'eau produite par sublimation de la glace de surface.
Cérès a capturé certains astéroïdes pendant de longues périodes mais n'a pas quitté son orbite, qu'elle partage avec des milliers d'astéroïdes.

-**Vitesse de fuite de Cérès** 0,51 km/s ; 1836 km par heure.
-**Vitesse de fuite de la Lune** 8640 km par heure.
-**Vitesse de fuite de la Terre** 40 280 km par heure.

LE SYSTÈME SOLAIRE, LE SOLEIL ET LES PLANÈTES

La vitesse de fuite est la vitesse requise pour qu'un objet échappe à l'influence du champ gravitationnel d'un autre objet, par exemple la vitesse requise pour qu'un fragment de roche après un impact d'astéroïde échappe à la gravité d'une planète et continue son voyage dans l'espace.

VESTA

Astéroïde de 530 kilomètres de diamètre avec un noyau de fer et de nickel et une surface de basalte. Elle fut nommée en 1807 en **l'honneur de la déesse de la maison familiale.** Son orbite est plus proche du Soleil que celle de Cérès.

Elle tourne sur son axe en un peu plus de 5 heures et met 3 ans et 6 mois pour faire un tour complet autour du soleil. Les températures à sa surface varient entre -20 et -130 degrés Celsius.

Pendant une courte période, il y a eu une activité géologique.
A l'un de ses pôles se trouve un cratère de 460 km de diamètre, entre

LE SYSTÈME SOLAIRE, LE SOLEIL ET LES PLANÈTES

4 000 et 12 000 mètres de haut et 13 km de profondeur.
Elle a été causée par l'impact d'un autre objet il y a environ 1 milliard d'années.
Deux autres grands cratères d'impact mesurent plus de 150 km de large et 7 km de profondeur.

PALLAS

Elle a été découverte après Cérès, en 1802, et porte le nom de **Pallas Athéna, la déesse de la Sagesse.**

Pallas a un diamètre de 545 km, ce qui la rend de taille similaire à Vesta mais moins dense.
Une journée à Pallas dure près de 8 heures.
Son axe de rotation présente une inclinaison de plus de 60°, de sorte que la lumière du soleil l'atteint de manière très inégale en hiver comme en été.

JUPITER

C'est la plus grande planète du système solaire, 318 fois plus grande que la Terre.
Il se situe au-delà de Mars et est le cinquième en termes de taille en raison de sa distance au Soleil. Il doit son nom au **dieu Jupiter/Zeus**.
C'est l'une des planètes gazeuses et se compose d'hydrogène et d'hélium.
Des nuages denses couvrent la planète entière et les vents soufflent entre 350 et 500 km/h.
Une journée sur Jupiter dure 10 heures terrestres.

Les nuages sont constitués de cristaux d'ammoniac et de vapeur d'eau.
La haute pression de son atmosphère fait que l'hydrogène se

LE SYSTÈME SOLAIRE, LE SOLEIL ET LES PLANÈTES

transforme en liquide puis en solide. Dans les couches inférieures contiennent une grosse carotte de glace qui fait entre 7 et 18 fois la taille de la Terre.
Il possède le champ magnétique le plus puissant de tout le système solaire.
Les diamants peuvent pleuvoir sur Jupiter en raison de la très haute pression de son atmosphère. Ils sont formés de carbone et descendent des couches supérieures vers les couches inférieures.
-Jupiter possède 67 **satellites**. En 1610, **Galilée** a pu observer ses plus gros satellites : le volcanique Io, la glacée Europe, le géant Ganymède, le plus gros satellite du système solaire, et Callisto, qui est semblable à notre lune.

GANYMÈDE

Avec un diamètre de 5 200 km, c'est le plus gros satellite de Jupiter et l'un des quatre découverts par **Galilée** en 1610. Il a été nommé en l'honneur du **serviteur de Jupiter/Zeus,** qui était l'un de ses amants.

Elle est deux fois plus grande que notre lune.
Un jour sur Ganymède équivaut à 7 jours sur Terre. Cela correspond également au temps qu'il faut pour effectuer une révolution autour de Jupiter, elle montre donc toujours la même face à la planète, tout comme notre Lune.
Il possède une atmosphère très mince avec de petites quantités d'oxygène et d'hydrogène et un faible champ magnétique.
Il est constitué d'un noyau de fer et de silicium. Sa surface est pleine de cratères de différentes tailles et recouverte d'une épaisse couche de glace.
Comme sur Terre, elle est divisée en plaques tectoniques qui ont formé les montagnes il y a des millions d'années. Il ne montre plus aucune activité géologique.
Sous sa surface se trouve un vaste océan d'eau liquide et salée, dont le volume est plus grand que sur Terre.

CALLISTE

C'est l'un des quatre grands satellites découverts par **Galilée**, le deuxième plus grand de Jupiter et de taille similaire à Mercure. Nommé d'après **la nymphe, amant de Jupiter/Zeus.**

Son orbite est la plus éloignée des 4 plus grands satellites, et il

LE SYSTÈME SOLAIRE, LE SOLEIL ET LES PLANÈTES

montre toujours la même face à Jupiter, tout comme la Lune à la Terre.

Une journée sur Callisto équivaut à 17 jours sur Terre et c'est aussi le temps qu'il faut pour faire une révolution complète autour de Jupiter, donc elle a toujours la même face ou hémisphère.

Satellite rocheux avec de nombreux cratères sans activité, une légère atmosphère de dioxyde de carbone et un fort champ magnétique.

À 150 kilomètres de profondeur, se trouve un océan d'eau gelée de 200 kilomètres d'épaisseur.

On sait que le point de fusion de la glace diminue avec l'augmentation de la pression, atteignant -22 degrés Celsius à une pression de 2 070 bars.

La surface plane est jonchée de cratères de différentes tailles causés par des impacts de météorites et est celle qui compte le plus de cratères de tout le système solaire.

IO

C'est le troisième plus grand satellite de Jupiter et le plus proche découvert par **Galilée**.

Une planète rocheuse avec des montagnes plus hautes que celles de la Terre.
Selon la mythologie grecque, c'était une nymphe qui aimait Jupiter/ Zeus.

C'est la planète du système solaire qui compte le plus grand nombre de volcans actifs, plus de 400.

Des nuages attirés par Jupiter ont été observés lors d'éruptions à plus de 500 km.

A la surface se trouvent des lacs de soufre liquide.

EUROPE

C'est le plus petit des quatre satellites découverts par **Galilée**.
Sa taille est légèrement inférieure à celle de la Lune. Europe est **la mère du roi Minos de Crète, et amoureux de Jupiter/Zeus.**

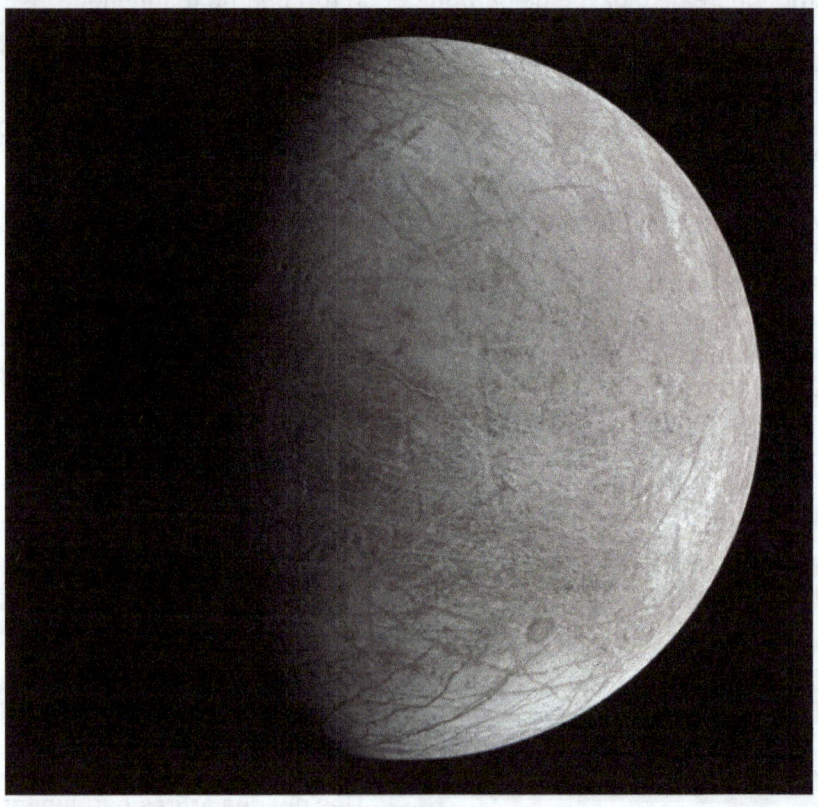

Son atmosphère est riche en oxygène mais très fine, bien que légèrement plus dense que celle de Mars.
Les températures oscillent entre -160 et -220 degrés Celsius.
Son intérieur est en fer et nickel. À une profondeur de 25 km, une épaisse couche de glace entoure la planète. À une profondeur de 150 km se trouve un océan d'eau salée.

LE SYSTÈME SOLAIRE, LE SOLEIL ET LES PLANÈTES

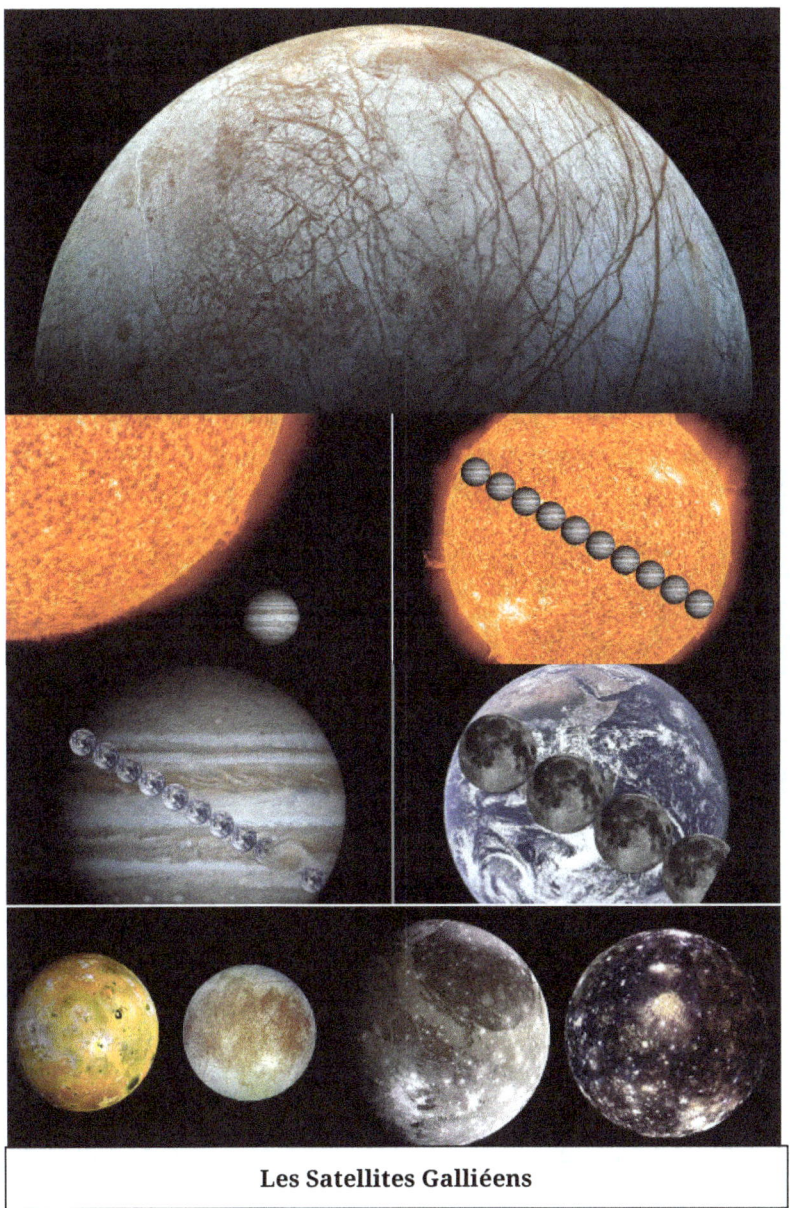

Les Satellites Galliéens

SATURNE

Planète gazeuse dont le nom est dérivé du dieu gréco-romain Saturne/Cronus, fils d'Uranus et de Gaia et père de Jupiter/Zeus.
Elle est 96 fois plus grande que la Terre. Son atmosphère est composée d'hydrogène et d'hélium.
Une journée dure un peu plus de 10 heures. Il faut près de 30 ans à la planète pour accomplir une révolution complète autour du soleil.
En raison de la pression élevée et de la température très élevée, proches de celles du Soleil, ces gaz sont à l'état liquide.
Les tempêtes peuvent durer plus de sept mois et les éclairs ont des tensions de plusieurs millions de degrés.
Le champ magnétique est beaucoup plus faible que celui de Jupiter.

Saturne est entourée d'une immense ceinture. Bien que **Galilée** ait été le premier à observer Saturne avec un télescope, c'est **Christiaan Huygens** qui pouvait clairement voir ses bagues en 1659.
La planète est entourée de 1 000 **anneaux** constitués de morceaux de glace de différentes tailles se déplaçant à une vitesse de 48 000 km/h.

La plupart sont plus petits que des grains de sable et forment un nuage de particules en forme de ceinture illuminé par la lumière du

LE SYSTÈME SOLAIRE, LE SOLEIL ET LES PLANÈTES

soleil. Il existe également des pièces de la taille d'un camion ou d'une maison.
Il y a 4 bandes d'anneaux principales : A, B, C et D.
Les anneaux mesurent entre 100 mètres et 400 000 kilomètres de large, soit une distance supérieure à celle entre la Terre et la Lune.

- Entrée de la sonde Cassini sur l'orbite de Saturne
- Titan et Saturne.

Ces anneaux sont séparés les uns des autres par une distance spatiale.
Ils sont apparus il y a 100 millions d'années, lorsque les dinosaures habitaient la Terre. Une énorme comète est entrée en collision avec l'atmosphère de Saturne et s'est désintégrée en millions de particules de glace. D'autres scientifiques pensent qu'ils ont été formés par la collision de deux de leurs lunes glacées.

LE SYSTÈME SOLAIRE, LE SOLEIL ET LES PLANÈTES

Saturne possède 143 satellites, dont 61 ont un diamètre supérieur à 20 km et 7 ont un diamètre supérieur à 350 km.
Le gigantesque **Titan** avec ses océans souterrains et ses geysers ; ainsi qu'**Encelade** et son atmosphère de méthane.
Huygens a également découvert le satellite **Titan**.

Grandes Lunes de Saturne

TITAN

C'est le plus gros satellite de Saturne ; avec un diamètre de 5 100 km, il est presque deux fois plus grand que Mercure. Elle est située à 9,5 unités astronomiques du Soleil.
C'est une planète rocheuse avec une surface glacée et un faible champ magnétique.
À sa surface se trouvent de vastes plaines, des montagnes de moins de 2 000 mètres de haut, ainsi que des dunes de sable brun de 150 mètres de haut et 1 500 kilomètres de long.
Il y a des rivières jusqu'à 400 mètres de long et des lacs avec méthane liquide à ses pôles. L'activité volcanique est intense.
Sous sa surface, à 100 kilomètres de profondeur, se trouve un océan souterrain d'eau et d'ammoniac liquide.

LE SYSTÈME SOLAIRE, LE SOLEIL ET LES PLANÈTES

Les réserves d'hydrocarbures de cette planète sont des milliers de fois supérieures à celles de la Terre.

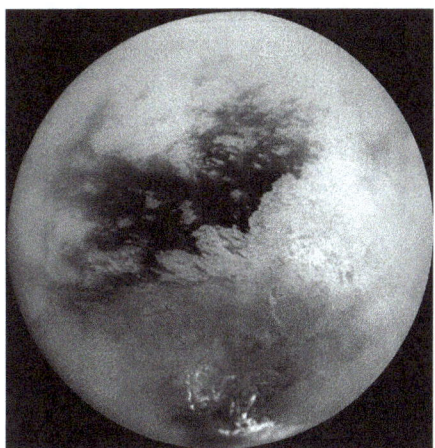

-**L'atmosphère** dense est composée à 90 % d'azote et à 5 % de méthane, avec une pression 1,5 fois supérieure à celle de la Terre.
-**Les vents** atteignent des vitesses allant jusqu'à 180 km/h. Les nuages atteignent des hauteurs allant jusqu'à 25 km, bien que certains puissent atteindre des hauteurs allant jusqu'à 100 km.
Sur Titan, le méthane liquide, qui est un gaz sur Terre, pleut jusqu'à 50 litres par mètre carré par an. En séchant au sol, il forme une couche de goudron.

Mission Huygens

La majeure partie des précipitations de méthane s'évapore avant d'atteindre le sol.
Sur Titan, une journée dure 16 jours terrestres, soit le même temps qu'il faut pour faire une révolution complète autour de Saturne.
La lumière solaire qui atteint Titan est 1 000 fois inférieure à celle qui

atteint la Terre et est similaire au crépuscule lors d'une forte tempête, de sorte que sa température de surface ne dépasse pas -180 degrés Celsius.

RHÉA
Le satellite de Saturne, le deuxième plus grand après Titan, avec un diamètre de plus de 1 500 km, soit la moitié de la taille de la Lune. Elle a été découverte en 1670 par **l'astronome Giovanni Cassini** et porte le nom de **Rhéa, épouse de Saturne/Cronus.**

Il ne faut que quatre jours pour effectuer une révolution complète autour de Saturne, même si son orbite est très éloignée de la planète. Il est fait de roche et de glace. La surface est couverte de cratères. Il possède une atmosphère très légère de dioxyde de carbone et d'oxygène.
La température atteint -220 degrés Celsius.

JAPET
De par sa taille, c'est le troisième satellite de Saturne après Rhéa et Titan.
Nommé d'après l'un des Titans de la mythologie, il fut découvert par Giovanni Cassini en 1671. Il faut 79 jours pour accomplir une révolution complète autour de Saturne (mouvement de translation).

ENCELADE
Avec un diamètre d'un peu plus de 500 km, c'est le sixième plus gros satellite de Saturne. Elle a été découverte par **William Herschel** en 1789.

LE SYSTÈME SOLAIRE, LE SOLEIL ET LES PLANÈTES

C'est une planète rocheuse dont la surface est recouverte de glace. Il abrite des centaines de geysers de plus de 100 km de long qui rejettent de la vapeur d'eau, des cristaux de sel et de la glace.
Une partie de l'eau qu'ils éjectent gèle rapidement et tombe au sol sous forme de neige. Une autre partie est attirée par la gravité de Saturne, ajoutant de la matière à son anneau extérieur.

Sous sa surface de glace de 40 km de profondeur se trouve un océan d'eau salée qui doit être à haute température en raison de l'activité géothermique du satellite ; Cela signifie des conditions de vie très favorables.

LE SYSTÈME SOLAIRE, LE SOLEIL ET LES PLANÈTES

Il tourne rapidement autour de Saturne dans l'anneau le plus externe de la planète, dans sa région la plus étroite, mettant 32 heures pour effectuer un tour complet (mouvement de translation).
Elle présente toujours le même visage à Saturne, tout comme notre Lune à la Terre.
Le pôle Sud est entouré de nuages de vapeur d'eau contenant de petites quantités d'azote et de dioxyde de carbone.

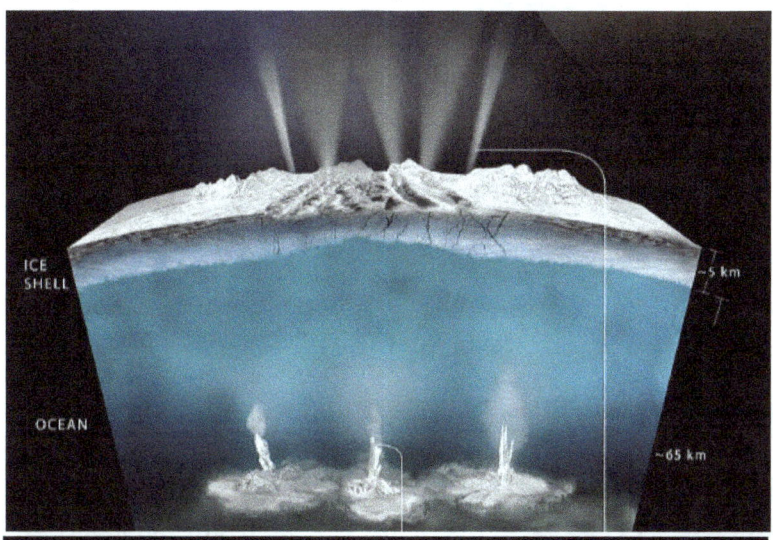

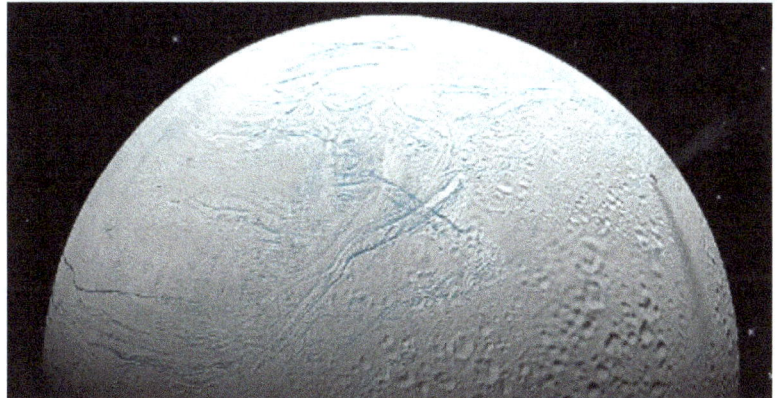

LE SYSTÈME SOLAIRE, LE SOLEIL ET LES PLANÈTES

PHOEBE

C'est un satellite de Saturne dont la masse due à la gravité n'est pas suffisante pour lui donner une forme ronde, puisque son diamètre est de 220 km.

Une journée sur Phoebe dure 9 heures. Il faut 550 jours pour orbiter complètement autour de Saturne, ce qui se produit dans la direction opposée au reste. Il est fait de glace et de roche. Sa surface est pleine de cratères provoqués par des impacts d'astéroïdes. La température est de -163 degrés Celsius.

On pense qu'il est venu d'au-delà de Pluton et a voyagé à travers l'espace jusqu'à ce qu'il soit piégé par le champ gravitationnel de Saturne.

URANUS

Plus éloignée du Soleil que Saturne, Uranus est la septième planète du système solaire et la troisième plus grande après Jupiter et Saturne. Elle est 63 fois plus grande que la Terre.
Uranus est le père de Saturne/Cronus et le grand-père de Jupiter/Zeus. Elle a été découverte par **William Herschel** en 1781.
Le rayonnement solaire est 400 fois inférieur à celui qui atteint la Terre. La journée dure 17 heures terrestres (rotation). Uranus met 84 ans pour orbiter autour du soleil.
Son étrange axe de rotation signifie que les pôles de la planète sont situés là où se trouve la ligne de l'équateur sur Terre. Cela signifie

LE SYSTÈME SOLAIRE, LE SOLEIL ET LES PLANÈTES

que les pôles ont des cycles de plus de 40 ans de lumière et encore 40 ans d'obscurité totale.
Elle possède un champ magnétique, des anneaux plus faibles que celui de Saturne et de nombreux satellites.

Il n'a pas de surface solide. L'atmosphère est principalement constituée d'hydrogène, en plus de l'hélium et du méthane, qui se combinent avec les couches liquides inférieures constituées d'eau et d'ammoniac se mélangent et sont comprimés par la très haute pression.

Comparaison de taille Uranus-Terre

Les températures atteignent -200 degrés Celsius.
Les vents sur Uranus peuvent atteindre jusqu'à 820 km/h.

Uranus possède un système d'anneaux composé de morceaux de glace microscopiques, même si certains mesurent jusqu'à 1 mètre de long, semblable au système d'anneaux de Saturne.

Uranus possède 27 **satellites** dont les noms proviennent de personnages des œuvres de **William Shakespeare.**
-Il possède cinq **satellites principaux** : Titania, Miranda, Oberon, Ariel et Umbriel. La plus petite est Miranda avec 470 kilomètres et la plus grande est Titania avec 1578 kilomètres.

-En raison de la grande **inclinaison de l'axe de rotation** d'Uranus, qui fait qu'un de ses pôles est toujours face au Soleil tandis que ses satellites tournent autour de l'équateur d'Uranus, les pôles des satellites connaissent également 42 ans d'obscurité et 42 ans de lumière ininterrompue.
Tous les satellites sont constitués de roche et de glace, à l'exception de Miranda, qui est constitué de glace et de dioxyde de carbone.

TITANIA
C'est le plus gros des satellites d'Uranus. Elle a été découverte par **William Herschel** en 1787. Il porte le nom de **la reine des fées** (Le Songe d'une nuit d'été de William Shakespeare).

Son atmosphère est faible en dioxyde de carbone, semblable à celle de Callisto et beaucoup plus légère que celle de Pluton.
Son intérieur est rocheux et sa surface est recouverte de glace, sous laquelle se trouve probablement un océan d'eau liquide pouvant atteindre une profondeur de 190 km.

LE SYSTÈME SOLAIRE, LE SOLEIL ET LES PLANÈTES

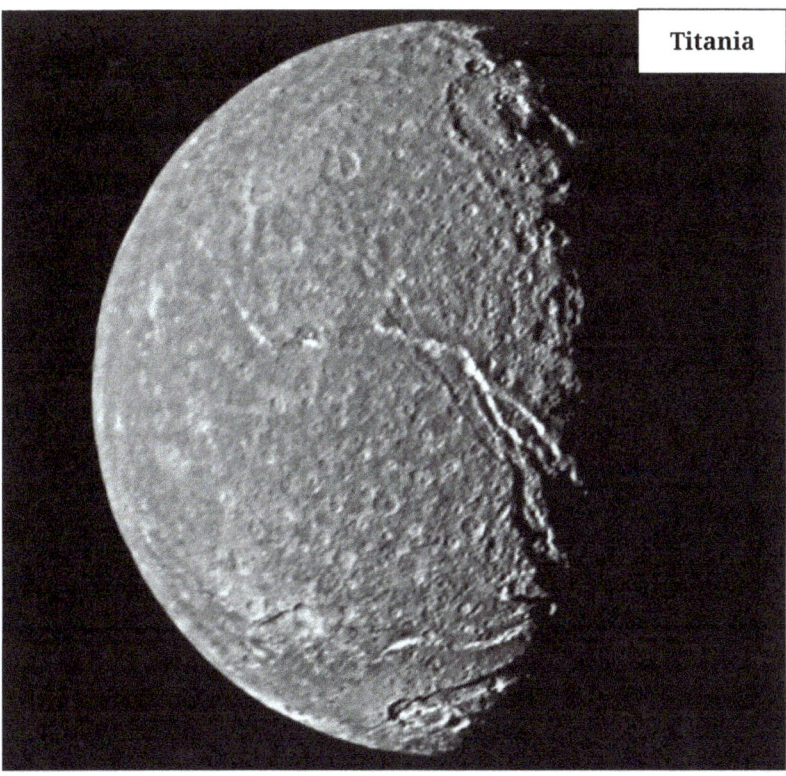

Un jour sur Titania équivaut à 8 jours sur Terre. Le satellite montre toujours à Uranus le même visage, tout comme notre Lune le fait à la Terre.
Vous pouvez voir de nombreux cratères, canyons et plaines.

MIRANDA
Avec un diamètre de 470 km, c'est le plus petit des grands satellites d'Uranus. Il a été découvert en 1948 et porte le nom de **la fille du magicien Prospero** (La Tempête de William Shakespeare).
Son intérieur est rocheux avec des bulles de méthane. Sa surface est traversée de ravins et recouverte de glace d'eau (il faut savoir que d'autres éléments chimiques gèlent également, comme le dioxyde de carbone...).

LE SYSTÈME SOLAIRE, LE SOLEIL ET LES PLANÈTES

Miranda

OBERON

C'est la deuxième plus grande lune après Titania et la plus éloignée des principales lunes d'Uranus. Il a été découvert en 1787 et porte le nom d'**Obéron, le roi des fées** (Le Songe d'une nuit d'été de William Shakespeare).
Un jour à Obéron équivaut à près de 14 jours terrestres. Le satellite montre toujours à Neptune le même visage, tout comme notre Lune à la Terre, il faut donc également 14 jours pour faire une orbite complète autour d'Uranus.

Il est constitué de roches et de glace et peut contenir de l'eau liquide. Sa surface est entièrement recouverte de cratères créés par l'impact de météorites à sa surface, dont certaines mesurent plus de 200 km. Il y a aussi des gorges profondes.
Il y a des zones très sombres car les impacts de météorites brisent la couche de glace et exposent l'intérieur rocheux d'Obéron.

NEPTUNE

C'est la planète la plus éloignée du Soleil.
Il doit son nom à **Neptune/Poséidon, le dieu de la mer.**
Elle est 17 fois plus grande que la Terre.
La perturbation des orbites d'Uranus et de Saturne a amené les mathématiciens à croire qu'il devait y avoir un autre objet au-delà de celui localisé par **Galle** en 1846.
-**L'atmosphère** est constituée de nuages d'hydrogène, d'hélium et de méthane.
Les cristaux de méthane se transforment en diamants qui tombent sous forme de pluie.

Comparaison de taille Neptune-Terre

LE SYSTÈME SOLAIRE, LE SOLEIL ET LES PLANÈTES

Sous ces nuages et sans séparation clairement définie se trouve un océan d'eau et d'ammoniac chargé d'électricité, avec des températures dépassant 4 500 degrés Celsius. Dans la partie la plus profonde de la planète se trouve un noyau de roches en fusion.
-**La température à la surface** de la planète est de −218 degrés Celsius.
La vitesse du vent atteint 2 200 km/h, la vitesse la plus élevée connue.
-Neptune possède 17 **satellites**. Le plus grand est Triton, où des geysers d'azote glacés et les températures les plus basses du système solaire ont été observées : −235 degrés Celsius.
Son système d'anneaux est similaire à celui de Jupiter.

TRITON

C'est le plus gros satellite de Neptune. Il a été découvert par William Lassell en 1846 et nommé en l'honneur du **fils de Neptune/Poséidon, le dieu de la mer.**

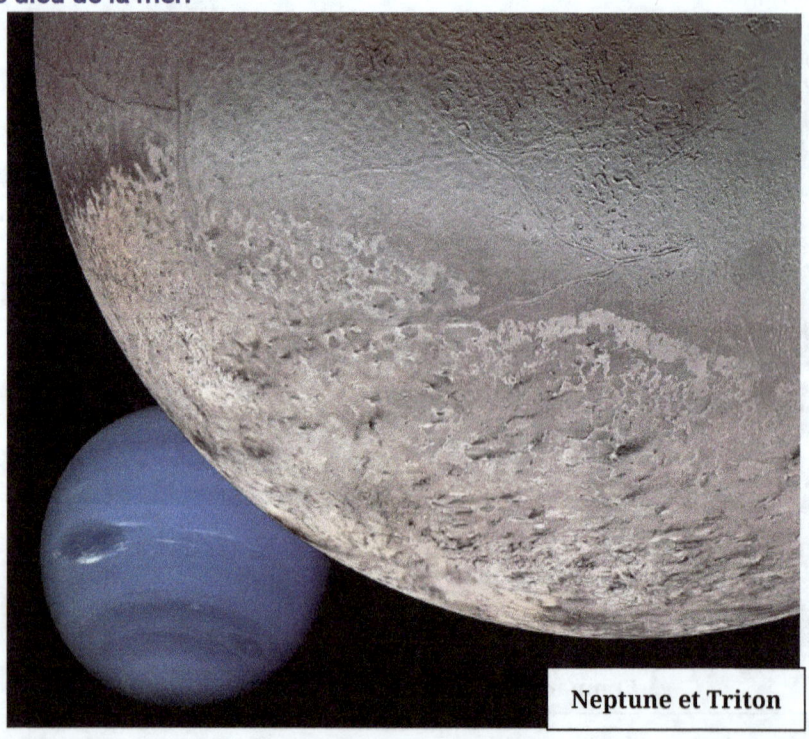

Neptune et Triton

LE SYSTÈME SOLAIRE, LE SOLEIL ET LES PLANÈTES

-Son ambiance est quasiment inexistante. À sa surface, les **températures** atteignent -235 degrés Celsius, les plus basses du système solaire.

-Le **mouvement de rotation** de Triton est dans la direction opposée à celui de Neptune (orbite rétrograde), on pense donc qu'il est originaire de la ceinture de Kuiper et qu'il a été capturé par l'attraction gravitationnelle de Neptune.

-L'inclinaison inhabituelle de **l'axe de rotation** amène les pôles à occuper la zone équatoriale, comme c'est le cas pour Uranus. Les saisons durent 82 années terrestres.

Triton orbite autour de Neptune sur une orbite presque circulaire.

-L'intérieur est rocheux et la surface des pôles est constituée d'azote et de méthane gelés.

•Il existe des volcans qui émettent de l'azote liquide et du méthane à plusieurs kilomètres de hauteur.

-**La gravité** rapproche Triton de Neptune et accélère sa rotation jusqu'à ce que Triton se rapproche si près qu'il s'effondre, formant un anneau géant autour de Neptune.

NÉRÉIDE

Le satellite a été découvert en 1949 et nommé en l'honneur des Néréides, **nymphes qui accompagnent Neptune, le dieu de la mer.**

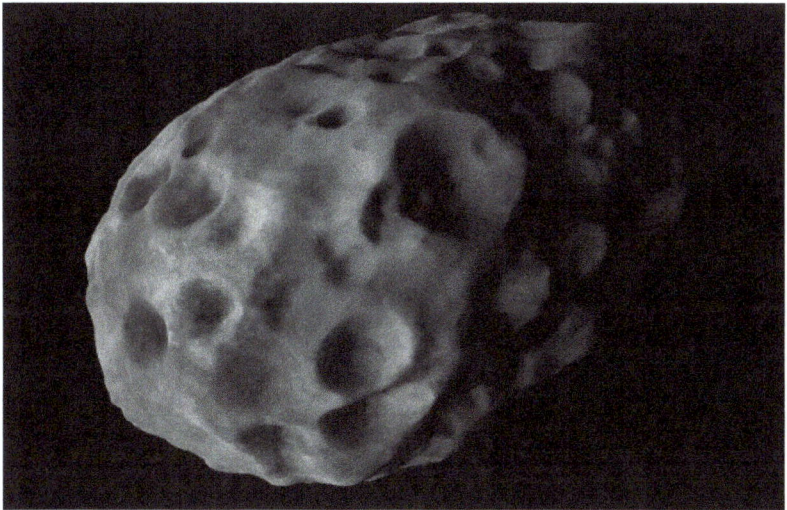

LE SYSTÈME SOLAIRE, LE SOLEIL ET LES PLANÈTES

Elle a un diamètre de 360 km et sa surface est recouverte de glace. Une journée à Néréide dure 11 heures.
L'orbite autour de Neptune est extrêmement allongée. Son point le plus proche de la planète est à 1,3 million de km et son point le plus éloigné de Neptune est à près de 10 millions de km.

Tailles comparatives des planètes gazeuses

PLUTON

Il a été découvert par **Clyde Tombaugh** en 1930 et porte le nom de **Pluton/Hadès, le dieu des enfers.**
Pluton est située dans la ceinture de Kuiper, une région située entre 30 et 50 unités astronomiques du Soleil.

Montagnes Norgay-Hillary

LE SYSTÈME SOLAIRE, LE SOLEIL ET LES PLANÈTES

Il faut 248 ans pour accomplir une révolution autour du soleil. Pendant 20 ans, l'orbite de Pluton croise l'orbite de Neptune, mais en raison de son inclinaison, il n'y a aucune chance de collision.
Un jour sur Pluton équivaut à 6 jours sur Terre. L'inclinaison de son axe de rotation signifie que l'équateur de la planète se trouve à ses deux pôles, tout comme Uranus.
Sur Pluton, la luminosité du soleil est 1 000 fois inférieure à celle de la Terre et ressemble à une nuit de pleine lune.
Son **atmosphère** d'azote, de dioxyde de carbone et de méthane est très mince. Il y a du méthane et de l'hydrogène gelés à sa surface.

LE SYSTÈME SOLAIRE, LE SOLEIL ET LES PLANÈTES

Comparaisons de tailles de Ganymède, Titan, Callisto, Io, Lune, Europe, Triton et Pluton

Elle possède 5 **satellites** : Charon, découvert en 1978, de taille similaire à Pluton mais beaucoup moins massif ; Nyx, Hydre, Kerbèros et Styx.

CHARON

C'est le plus gros satellite de Pluton et a été découvert par **James W. Christy** en 1978. Il porte le nom de Charon, **un batelier chargé d'amener les âmes des morts aux enfers.**
Elle a un diamètre de 1 200 kilomètres et se trouve à 19 000 kilomètres de Pluton, soit 20 fois plus proche que la Lune ne l'est de la Terre.
Charon montre toujours le même visage à Pluton, tout comme la Lune terrestre.
Son intérieur est fait de roche et de glace, et sa surface est recouverte de glace d'eau et n'a pas d'atmosphère.
La température varie jusqu'à -258 degrés Celsius.

LE SYSTÈME SOLAIRE, LE SOLEIL ET LES PLANÈTES

Charon

Charon ne tourne pas autour de Pluton comme un satellite, mais plutôt Pluton et Charon tournent autour d'un point gravitationnel commun (système à double planète).

Des Satellites plus Petits
•**Nix** et **Hydre** ont été découverts en 2005. Nyx, la mère de Charon, la déesse des ténèbres, mesure 55 km de long. L'Hydre, le serpent qui gardait les enfers, mesure 42 km de long.
•**Kerbéros** a été découvert en 2011 et mesure 30 km de long. Chien à trois têtes qui veille également sur le monde souterrain et est le frère d'Hydra.

LE SYSTÈME SOLAIRE, LE SOLEIL ET LES PLANÈTES

•**Styx** a été découvert en 2012 et mesure 20 km de long.

Charon et Pluton

LE SYSTÈME SOLAIRE, LE SOLEIL ET LES PLANÈTES

PLANÈTES NAINES AU-DELÀ DE PLUTON
-En 2002 et 2003 ont été découverts **Quaoar** et **Sedna**, dont le diamètre est la moitié de celui de Pluton.

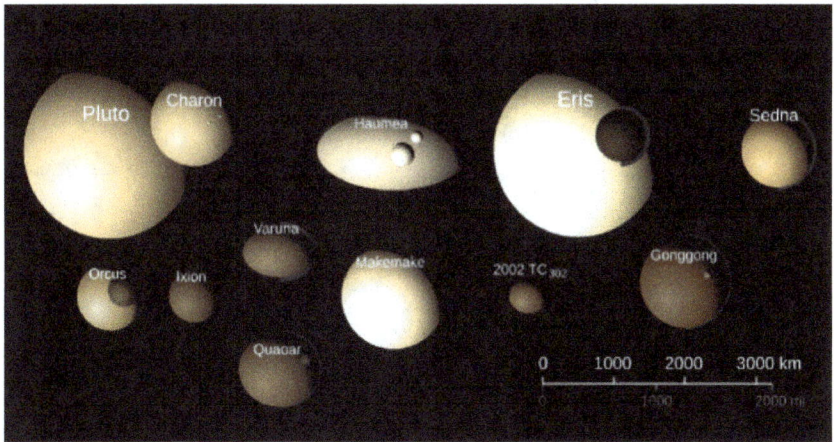

QUAOAR
Candidate à une planète naine située dans **la lointaine ceinture de Kuiper,** à la limite du système solaire. Il a été découvert en 2002 par l'observatoire de Palomar Mountain.
Nommé d'après un **dieu des premiers habitants de l'Amérique du Nord**, il a un diamètre de 1 100 km, fait la moitié de la taille de Pluton et possède un système de deux anneaux constitués de fragments de glace atteignant 300 km de large. Sa surface est recouverte de glace. .
Un **satellite** appelé **Weywot** tourne autour de lui.

SEDNA
Situé dans **le Nuage d'Oort**, entre 76 et 960 unités astronomiques du Soleil, soit environ 32 fois plus loin que Neptune.
Il a été découvert en 2003 par l'Observatoire du Mont Palomar aux États-Unis. Il porte le nom de **la déesse esquimau de la mer.**
Son diamètre est de 1600 km. Une journée à Sedna dure 10 heures. Il faut 11 400 ans pour orbiter autour du soleil. Il faudrait près de 25

ans à une sonde spatiale pour atteindre cet objet.
Sa surface est constituée de glace carbonée, de méthane et d'azote gelé.
Les **températures** sont donc inférieures à -230 degrés Celsius
On pense que le **méthane** ne s'évapore pas et ne tombe pas sous forme de neige, comme c'est le cas sur Triton et Pluton.

Sedna

HAUMEA
Planète naine elliptique dans **la ceinture de Kuiper.** Il a été découvert en 2003 et nommé en l'honneur de **la déesse hawaïenne de la fertilité**. Il fait 1/3 de la taille de Pluton, a un diamètre d'environ 1 400 km et est entouré d'anneaux.

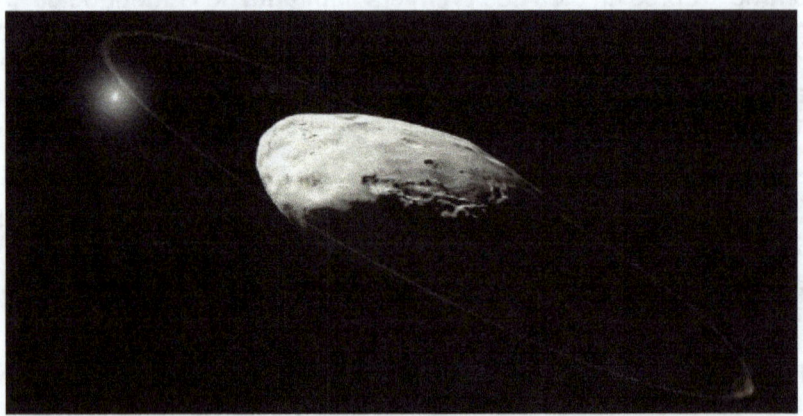

LE SYSTÈME SOLAIRE, LE SOLEIL ET LES PLANÈTES

Elle est située à 35 unités astronomiques du Soleil. Elle tourne sur elle-même en 4 heures et met 283 ans pour faire une révolution complète autour du soleil.
C'est une planète rocheuse dont la surface est recouverte de glace. On suppose qu'il n'y a pas d'atmosphère.
-Il possède **deux satellites**, le plus grand, nommé **Hi'iaka** en l'honneur de la déesse hawaïenne de la médecine, est le plus éloigné, situé à 50 000 km, 300 km de diamètre et met 49 jours pour orbiter autour de la planète.
Le plus jeune s'appelle **Namaka**, en l'honneur de la déesse hawaïenne de la mer.

ORCUS
Il a été découvert en 2003. Il a un diamètre de 1600 km.
Il possède un **satellite** appelé **Vanth**.

Comparaison des tailles d'Orcus, de la Lune et de la Terre

ÉRIS
C'est la plus grande planète naine transneptunienne et, avec un diamètre de 2 300 km, la deuxième plus grande après Pluton. Il a été découvert en 2005 par l'Observatoire du Mont Palomar aux États-Unis d'Amérique.
Il a été nommé en l'honneur de **la déesse de la discorde, qui a provoqué la guerre de Troie.**

LE SYSTÈME SOLAIRE, LE SOLEIL ET LES PLANÈTES

Son intérieur est rocheux et sa surface est constituée de méthane gelé.
Son orbite autour du Soleil est trois fois plus longue que celle de Pluton.
-Il faut 557 ans pour orbiter autour du soleil, qui se situe entre 35 et 95 unités astronomiques.
-Pluton tourne autour du Soleil à une distance comprise entre 29 et 49 unités astronomiques.
-Neptune tourne autour du Soleil à 30 unités astronomiques.
Il a un **satellite** nommé **Dysnomie**, la déesse des actions injustes.

MAKEMAKE

Planète naine de **la ceinture de Kuiper**. L'arrivée d'une sonde spatiale prendrait 16 ans. Il a été découvert en 2005. Il porte le nom d'une **divinité de l'île de Pâques.**
Sa taille est de 1450 km de diamètre, soit 60 % de Pluton.
Sa surface est recouverte de glace, d'azote et de méthane gelé.
•Il faut 308 ans pour orbiter autour du soleil.
On pense qu'il existe une légère atmosphère d'azote et de méthane.
Le satellite est à 21 000 km, 175 km de diamètre et met 12 jours pour orbiter autour de Makemake.

GONGGONG

Il a été découvert en 2007 par l'observatoire de Monte Palomar et nommé en l'honneur du **dieu chinois de la mer.**
Il mesure 1 200 km de diamètre et possède un **satellite** nommé **Xiangliu**.
•Il faut 553 ans pour orbiter autour du soleil.

LE SYSTÈME SOLAIRE, LE SOLEIL ET LES PLANÈTES

On pense que sa surface est recouverte de glace d'eau et peut-être de méthane gelé.

LE SYSTÈME SOLAIRE, LE SOLEIL ET LES PLANÈTES

Copyright2024. Le Système Solaire, le Soleil et les Planètes, publié par Baltasar Rodríguez Oteros en Kindle.

Sincères Remerciements

-https://upload.wikimedia.org/wikipedia/commons/c/c5/Released_to_Public_Voyager_Montage_by_NASA_(NASA)_(291707648).jpg Released to Public: Voyager Montage by NASA (NASA) Author pingnews.com
https://upload.wikimedia.org/wikipedia/commons/thumb/1/15/Mars_-_8k_Render_(32907950425).jpg/1024px-Mars_-_8k_Render_(32907950425).jpgMars -8k Render Author Kevin M. Gill Flickr set Hourly Cosmoshttps://es.m.wikipedia.org/wiki/Archivo:MarsSunsetCut.jpgNASA's Mars Exploration Rover: Spirit [1] Autor NASA
https://upload.wikimedia.org/wikipedia/commons/3/31/Sizes_of_Solar_System_objects_to_scale.png23 January 2024 Source Own work Author RedKire25
https://upload.wikimedia.org/wikipedia/commons/thumb/5/51 High_School_Earth_Science_Cover.jpg/http://cafreetextbooks.ck12.org/science/CK12_Earth_Science.pdf
If the above link no longer works, visit http://www.ck12.org and lookfor the CK-12 Earth Science book.Author CK-12 Foundation
https://upload.wikimedia.org/wikipedia/commons/thumb/2/20/Nh-pluto-charon-v2-10-1-15_1600.png/NASA Solar System Exploration Author NASA's New Horizons spacecraft
https://commons.m.wikimedia.org/wiki/File:Solar_sys.jpghttps://photojournal.jpl.nasa.gov/catalog/PIA11800Author NASA/JPL
https://upload.wikimedia.org/wikipedia/commons/7/7e/Solar_system_Painting.jpg Harman Smith and Laura Generosa (nee Berwin), graphic artists and contractors to NASA's Jet Propulsion Laboratory.
https://upload.wikimedia.org/wikipedia/commons/thumb/d/de/The_Solar_System_(37307579045).jpg/The Solar System Author Kevin Gill from Los Angeles, CA, United States
https://upload.wikimedia.org/wikipedia/commons/f/f0/2006-16-d-print2.jpg/1078px-2006-16-d-print2.jpg Source Page:http://hubblesite.org/newscenter/newsdeskarchive/
releases/2006/16/image/dAuthor A. Feild(SpaceTelescope Science Institute)From http://hubblesite.org/copyright/ copyright@stsci.edu.
https://upload.wikimedia.org/wikipedia/commons/a/af/NASA_Heliosphere_Mod.jpg/NASA/JPL-Caltech.Author JudithNabb
https://upload.wikimedia.org/wikipedia/commons/b/b7/Asteroid_Bennu's_Journey%2C_the_formation_of_our_Solar_system_and_the_early_Earth_(NASA_video).webm/.jpg NASA | Asteroid Bennu's Journey –View/savearchivedversions on archive.org and archive today Author NASA Goddard
https://upload.wikimedia.org/wikipedia/commons/thumb/0/0b/BENNU'S_JOURNEY_-_Early_Earth.jpg/Flickr Author NASA's Goddard Space Flight Center
https://upload.wikimedia.org/wikipedia/commons/8/81/Solar_System_Diagram_-_Feb._2019_(46327506074).jpgStephenposted to Flickr by splinx1 at https://flickr.comphotos/
42837737@N05/46327506074
https://upload.wikimedia.org/wikipedia/commons/thumb/6/68/Artist's_conception_of_Sedna.jpg NASA/JPL-Caltech/R. Hurt(SSC-Caltech)
https://upload.wikimedia.org/wikipedia/commons/3/38/Haumea_with_rings_(37641832331).jpg/ Kevin Gill from Los Angeles,CA,UnitedStateshttps://flickr.com/photos/53460575@N03/37641832331
https://upload.wikimedia.org/wikipedia/commons/b/bc/Artist's_concept_of_the_Solar_System_as_viewed_from_Sedna.jpg/http://hubblesite.org/newscenter/archive/releases/2004/14/image/f/formatlarge_web/Author NASA,ESA and Adolf Schaller
https://upload.wikimedia.org/wikipedia/commons/2/21/10_Largest_Trans-Neptunian_objects_(TNOS).png/Lexicon(Commons 3.0),Exoplanet Expert (Commons 4.0),SpaceDude777
-https://upload.wikimedia.org/wikipedia/commons/thumb/c/c7/Saturn_during_Equinox.jpg/http://www.ciclops.org/view/5155/Saturn-Four-Years-On http://photojournal.jpl.nasa.gov/catalog/PIA11141 Author NASA / JPL / Space Science Institute
-https://upload.wikimedia.org/wikipedia/commons/thumb/9/97The_Earth_seen_from_Apollo_17.jpg/NASA/Apollo 17 crew; taken by either Harrison Schmitt or RonEvans
-https://upload.wikimedia.org/wikipedia/commons/thumb/0/01/Phase-180.jpg/Jay Tanner
-https://upload.wikimedia.org/wikipedia/commons/thumb/d/df/Full_moon_partially_obscured_by_atmosphere.jpg
http://spaceflight.nasa.gov/gallery/images/shuttle/sts-103/html/s103e5037.html Autor NASA
-https://upload.wikimedia.org/wikipedia/commons/thumb/4/44 Kilauea_Volcanic_Eruption_Big_Island_Hawaii_2018_(31212271237).jpg/Author Anthony Quintano from Mount Laurel, United States
-https://upload.wikimedia.org/wikipedia/commons/thumb/8/89/Comet_C-1995_O1_Hale-Bopp%2C_on_March_14%2C_1997_(cropped).jpg/Author ignoto - Credit: ESO/E. Slawik
-https://upload.wikimedia.org/wikipedia/commons/thumb/8/86/Montagem_Sistema_Solar.jpg/NASA
-https://upload.wikimedia.org/wikipedia/commons/3/3b/Portrait_of_Sir_Isaac_Newton%2C_1689.jpg/https://exhibitions.lib.cam.ac.uk/lines ofthought/artifacts/newton-by-kneller
-https://upload.wikimedia.org/wikipedia/commons/thumb/d/d8/NASA_Mars_Rover.jpg/1280px-NASA_Mars_Rover.jpgNASA/JPL/Cornell University, Maas Digital LLC
https://upload.wikimedia.org/wikipedia/commons/thumb/6/68/Schiaparelli_Hemisphere_Enhanced.jpg
https://astrogeology.usgs.gov/search/details/Mars/Viking/schiaparelli_enhanced/tif Autor USGS
https://upload.wikimedia.org/wikipedia/commons/thumb/f/f6/May_28%2C_2013_Bennington%2C_Kansas_tornado.jpg/Dustin Goble (Submitted to National Weather Service)
https://upload.wikimedia.org/wikipedia/commons/thumb/1/12/Oidipous_sphinx_MGEt_16541_reconstitution.svg/Juan José Moral.
https://upload.wikimedia.org/wikipedia/commons/thumb/b/b4/The_Sun_by_the_Atmospheric_Imaging_Assembly_of_NASA's_Solar_Dynamics_Observatory_-_20100819.jpg/NASA/SDO (AIA)
https://upload.wikimedia.org/wikipedia/commons/thumb/0/02/SolarSystem_OrdersOfMagnitude_Sun-Jupiter-Earth-Moon.jpg/Tdadamemd
https://upload.wikimedia.org/wikipedia/commons/thumb/f/f3/Orion_Nebula_-_Hubble_2006_mosaic_18000.jpg/NASA, ESA, M. Robberto (Space Telescope Science Institute/ESA) and the Hubble Space Telescope Orion Treasury Project Team
https://upload.wikimedia.org/wikipedia/commons/thumb/6/63/Messier_81_HST.jpg/NASA, ESA and the Hubble Heritage Team (STScI/AURA)
https://upload.wikimedia.org/wikipedia/commons/a/ae/EastHanSeismograph.JPGen:user: Kowloonese
https://es.m.wikipedia.org/wiki/Archivo:TakakkawFalls2.jpg Michael Rogers (Mjrogers50 de Wikipedia en inglés)
https://upload.wikimedia.org/wikipedia/commons/thumb/8/85/Venus_globe.jpg/photojournal.jpl.nasa.gov/catalog/PIA00104Autor NASA/JPL
https://upload.wikimedia.org/wikipedia/commons/thumb/7/7c/Terrestrial_planet_sizes2.jpg/NASA/JHUAPLVenus image:NASA/Johns Hopkins University
Applied Physics Laboratory/Carnegie Institution of Washington Earth image: NASA/Apollo 17 crew, retouch by User:Aaron1a12
https://upload.wikimedia.org/wikipedia/commons/thumb/7/71/PIA22946-Jupiter-RedSpot-JunoSpacecraft-20190212.jpg/NASA/JPL-Caltech/SwRI /MSSS/Kevin M. Gill
https://upload.wikimedia.org/wikipedia/commons/thumb/9/95/Uranus%2C_Earth_size_comparison_2.jpg/NASA (image modified by Jcpag2012)
https://upload.wikimedia.org/wikipedia/commons/thumb/2/2f/Neptune%2C_Earth_size_comparison_true_color.jpg/CactiStaccingCrane
https://upload.wikimedia.org/wikipedia/commons/thumb/1/1c/Europa_in_natural_color.png/Europa - PJ45-2.png from
https://www.missionjuno.swri.edu/junocam/processing?
id=13844 Autor NASA/JPL-Caltech/SwRI/MSSS/Kevin M. Gill
https://upload.wikimedia.org/wikipedia/commons/thumb/2/21/Ganymede_-_Perijove_34_Composite.png/2048px-Ganymede_-_Perijove_34_Composite.png Kevin M. Gill https://flickr.com/photos/53460575@N03/51238659798 Ganymede -Perijove 34 CompositeAutor NASA/JPL-Caltech/SwRI/MSSS/Kevin M.Gill
https://upload.wikimedia.org/wikipedia/commons/thumb/0/0e/Moon_and_Asteroids_1_to_10.svg/Vystrix Nexoth
https://upload.wikimedia.org/wikipedia/commons/thumb/a/ba/Dawn_Flight_Configuration_2.jpg/jpghttp://dawn.jpl.nasa.gov/multimedia/spacecraft.asp GDKDawn spacecraft Source:http://dawn.jpl.nasa.gov/multimedia/spacecraft.asp PD-NASA
https://upload.wikimedia.org/wikipedia/commons/thumb/7/7b/Io_highest_resolution_true_color.jpg/NASA /JPL /University of Arizona
https://upload.wikimedia.org/wikipedia/commons/thumb/0/06/Titan_in_front_of_the_ring_and_Saturn.jpg/http://photojournal.jpl.nasa.gov/catalog/PIA14922 Author Produced By Cassini Credit:NASA/JPL-Caltech/Space Science Institute
https://upload.wikimedia.org/wikipedia/commons/thumb/2/25/Titan_globe.jpg/NASA/JPL/Space Science Institute Permissionjpl.nasa.gov

LE SYSTÈME SOLAIRE, LE SOLEIL ET LES PLANÈTES

https://upload.wikimedia.org/wikipedia/commons/thumb/b/b2/Cassini_Saturn_Orbit_Insertion.jpg/Autor NASA/JPL
https://upload.wikimedia.org/wikipedia/commons/4/46/Gas_planet_size_comparisons.jpg
http://solarsystem.nasa.gov/multimedia/display.cfm?IM_ID=180Author Solar System Exploration, NASA
https://upload.wikimedia.org/wikipedia/commons/thumb/7/7d/PIA01482_Saturn_Montage.jpg JPL image PIA01482 Author NASA
https://upload.wikimedia.org/wikipedia/commons/thumb/d/d4/Justus_Sustermans_-_Portrait_of_Galileo_Galilei%2C_1636.jpg/identificador Art UK de unaobra de arte: galileo-galilei-15641642-175709 fotógrafo https://www.rmg.co.uk/collections/objects/rmgc-Dmitry Rozhkov object-14174
https://upload.wikimedia.org/wikipedia/commons/3/30/Mercury_in_color_-_Prockter07_centered.jpg/NASA/JPLAutor NASA /Johns Hopkins University Applied Physics Laboratory /Carnegie Institution of Washington.Prockter07.jpg by Papa Lima Whiskey .
https://upload.wikimedia.org/wikipedia/commons/5/58/Ceres_-_RC3_-_Haulani_Crater_(22381131691).jpgCeres -RC3 -Haulani Crater Autor Justin Cowart
https://upload.wikimedia.org/wikipedia/commons/4/41/Sol454_Marte_spirit.jpg/http://marsrovers.jpl.nasa.gov/gallery/press/spirit/200504 20a.html Autor NASA/JPL
https://upload.wikimedia.org/wikipedia/commons/thumb/f/f5/007_Jack's_4_O'clock_EVA-1_LM_Pan_Hi_Res.jpg/NASA/Gene Cernan/Jack Schmitt
https://upload.wikimedia.org/wikipedia/commons/8/8e/Duke_on_the_Descartes_-_GPN-2000-001123.jpg/Author NASA John Young
https://upload.wikimedia.org/wikipedia/commons/thumb/e/e4/Water_ice_clouds_hanging_above_Tharsis_PIA02653_black_background.jpg/http:// www.jpl.nasa.gov/spaceimages/details.php?id=PIA02653 Author NASA/JPL/MSSS
https://upload.wikimedia.org/wikipedia/commons/thumb/c/cb/7505_mars-curiosity-rover-gale-crater-beauty-shot-pia19839-full2.jpg/https://mars. nasa.gov/resources/7505/Author Jim Secosky picked out a NASA JPL-Caltech
https://commons.m.wikimedia.org/wiki/File:Lspn_comet_halley.jpg NASA/W.Liller
https://upload.wikimedia.org/wikipedia/commons/0/0c/360°_View_-_Very_Well-Preserved_9-Kilometer_Diameter_Impact_Crater_(334322470 00).jpg/https://flickr.com/photos/53460575@ N03/33432247000Author Kevin M. Gill Flickr set Hourly Cosmos Flickr
https://upload.wikimedia.org/wikipedia/commons/thumb/f/f9/Ceres_and_Vesta%2C_Moon_size_comparison.jpg/Gregory H. Revera Ceres image: Justin Cowart Vesta image: NASA/JPL-Caltech
https://upload.wikimedia.org/wikipedia/commons/thumb/f/f9/Sar2667_as_it_entered_Earth's_atmosphere_over_the_north_of_France.jpg/Wokege
https://upload.wikimedia.org/wikipedia/commons/thumb/5/5a/Uranus_moons.jpg/Vzb83
https://upload.wikimedia.org/wikipedia/commons/thumb/e/e1/HAVO_20220213_Milky_Way_over_Kilauea_crater_J.Wei_(51888623142).jpg/Hawai i Volcanoes National Park
https://upload.wikimedia.org/wikipedia/commons/thumb/3/3b/Catatumbo_Lightning_-_Rayo_del_Catatumbo.jpg/Fernando Flores from Caracas,Venezuela https://flickr.com/photos/44948457 @N07/23691566642
https://upload.wikimedia.org/wiki/Archivo:Huracan_patricia_23-10.jpghttps://twitter.com/StationCDRKelly/status/657618739492474880Autor Scott Kelly
https://es.m.wikipedia.org/wiki/Archivo:PIA17202_-_Approaching_Enceladus.jpg National Aeronautics and Space Administration (NASA) Jet Propulsion Laboratory (JPL)
https://commons.m.wikimedia.org/wiki/File:Callisto_-_May_26_2001_(37113416323).jpg Kevin Gill from Los Angeles, CA, United States Flickr by Kevin M. Gill at https://flickr.com/photos/53460575@N03/37113416323
https://commons.m.wikimedia.org/wiki/File:The_Galilean_Satellites_-_PIA01299.tiffJPLAuthor NASA
https://commons.m.wikimedia.org/wiki/File:PIA00340_Montage_of_Neptune_and_Triton.jpg http://photojournal.jpl.nasa.gov/ catalog/PIA00340 Author NASA,JPL
https://upload.wikimedia.org/wikipedia/commons/thumb/e/ef/Pluto_in_True_Color_-_High-Res.jpg/1024px-Pluto_in_True_Color_-_High-Res.jpgNAS A/Johns Hopkins University Applied Physics Laboratory/Southwest Research Institute/Alex Parker
https://upload.wikimedia.org/wikipedia/commons/thumb/c/c9/Iapetus_as_seen_by_the_Cassini_probe_-_20071008.jpg/The Other Side of Iapetus Autor NASA / JPL / Space Science Institute
https://upload.wikimedia.org/wikipedia/commons/thumb/2/23/Pluto_compared2.jpg/Composition of NASA images by Eurocommuter.
https://upload.wikimedia.org/wikipedia/commons/thumb/a/a3/PIA19947-NH-Pluto-Norgay-Hillary-Mountains-20150714.jpg/NASA/Johns Hopkins University Applied Physics Laboratory
https://upload.wikimedia.org/wikipedia/commons/thumb/2/2e/Charon_in_True_Color_-_High-Res.jpg/NASA/Johns Hopkins University Applied Physics Laboratory/Southwest Research Institute/Alex Parker
https://upload.wikimedia.org/wikipedia/commons/thumb/a/ab/PIA07763_Rhea_full_globe5.jpg/http://photojournal.jpl.nasa.gov/catalog/PIA07763 Autor NASA /JPL/Space Science Institute
https://upload.wikimedia.org/wikipedia/commons/thumb/2/21/Ganymede_-_Perijove_34_Composite.png/Ganymede Perijove 34 Autor NASA/JPL-Caltech/SwRI/MSSS/KevinM.Gill
https://upload.wikimedia.org/wikipedia/commons/thumb/c/c2/Miranda_mosaic_in_color_-_Voyager_2.png https://www.flickr.com/photos/1970 38812@N04/53457048107/Autor zelario12
https://upload.wikimedia.org/wikipedia/commons/thumb/b/b1/Uranus_Montage.jpg/http://solarsystem.nasa.gov/multimedia/display.cfm?Catego ry=Planets&IM_ID=10767
http://solarsystem.nasa.gov/multimedia/gallery/Uranus_Montage.jpg Author NASA/JPL
https://upload.wikimedia.org/wikipedia/commons/thumb/4/4e/PIA00039_Titania.jpg/http://ciclops.org/view/3651/Titania_-_Highest_Resolution_V oyager_Picture Autor NASA/JPL
https://upload.wikimedia.org/wikipedia/commons/thumb/2/2e/Apollo_15_Lunar_Rover_and_Irwin.jpg/http://www.hq.nasa.gov/alsj/a15/images15. html Autor NASA/David Scott
https://commons.m.wikimedia.org/wiki/File:Solar_System_true_color.jpgCactiStaccingCrane
https://upload.wikimedia.org/wikipedia/commons/thumb/d/d5/Comet_McNaught_at_Paranal.jpg/jpghttp://www.eso.org/public/images/mc_naug ht34/Author ESO/Sebastian Deiries European Southern Observatory (ESO).
https://upload.wikimedia.org/wikipedia/commons/thumb/d/d7/Terrestrial_planet_sizes_3.jpg/Orbiter Mission (30055660701).png (ISRO / ISSDC /Justin Cowart)Author CactiStaccingCrane
https://upload.wikimedia.org/wikipedia/commons/thumb/6/67/Planet_collage_to_scale_(captioned).jpg/User:MotloAstro(Sun); NASA Author CactiStaccingCrane
https://upload.wikimedia.org/wikipedia/commons/thumb/2/2d/The_Mysterious_Case_of_the_Disappearing_Dust.jpg/NASA/JPL-Caltech
https://upload.wikimedia.org/wikipedia/commons/thumb/e/e3/Magnificent_CME_Erupts_on_the_Sun_-_August_31.jpg/Flickr : Magnificent CME Erupts on the Sun - August 31Autor NASA Goddard Space Flight Center
https://upload.wikimedia.org/wikipedia/commons/thumb/a/ae/Phoebe_cassini_full.jpg/JPL image PIA06064 Author NASA/ JPL/Space Science Institute
https://upload.wikimedia.org/wikipedia/commons/thumb/3/3a/Mare_Imbrium-AS17-M-2444.jpg
http://nssdc.gsfc.nasa.gov/imgcat/html/object_page/a17_m_2444.html http://www.lpi.usra.edu/resources/apollo/frame/?AS17-M-2444Autor NASA
https://upload.wikimedia.org/wikipedia/commons/a/a6/Moon_phases_00.jpg Orion 8
https://upload.wikimedia.org/wikipedia/commons/thumb/8/81/Artemis_program_hls-ascending.jpg/https://www.nasa.gov/feature/nasa-seeks-inp ut-from-us-industry-on-artemis-lander-development Autor NASA
https://upload.wikimedia.org/wikipedia/commons/3/3e/Deep_Impact_HRI.jpegNASA/JPL-Caltech/UMDhttp://discovery.nasa.gov/images/67_secs _after_impact.jpg archive copy at the Wayback Machine
https://upload.wikimedia.org/wikipedia/commons/thumb/c/c4/ALH84001.jpg/http://www-curator.jsc.nasa.gov/curator/antmet/marsmets/alh840 01/ALH84001,0.htmAutor NASA
https://upload.wikimedia.org/wikipedia/commons/thumb/1/17/PIA22083-Ceres-DwarfPlanet-GravityMapping-20171026.gif/https://photojournal.jpl. nasa.gov/archive/PIA22083.gifAuthor NASA/JPL-Caltech/UCLA/MPS/DLR/IDA
https://es.m.wikipedia.org/wiki/Archivo:Vesta_full_mosaic.jpg View of Vesta Autor NASA/JPL-Caltech/UCAL/MPS/DLR/IDA
https://upload.wikimedia.org/wikipedia/commons/7/72/Iau_dozen.jpg (IAU/NASA) Martin Kornmesser NASA/ESA and the Hubble Heritage Team"
https://upload.wikimedia.org/wikipedia/commons/thumb/8/84/The_Four_Largest_Asteroids_(unlabeled).jpg/Ceres and Vesta images: NASA/JPL-Caltech/UCLA/MPS/ DLR/IDA Pallas image: NASA Hygiea image: Astronomical Institute of the Charles University: JosefDurech, Vojtěch Sidorin Image modified by PlanetUser.
https://upload.wikimedia.org/wikipedia/commons/8/86/The_Four_Largest_Asteroids.jpg Ceres and Vesta images: NASA/JPL- Caltech/UCLA/ MPS/DLR/ IDA Pallas and images: ESO Images compiled by PlanetUser and by kwamikagami
https://upload.wikimedia.org/wikipedia/commons/thumb/f/ff/Nereid_-_Simulated_View.pngPlanetUser
https://upload.wikimedia.org/wikipedia/commons/thumb/4/47/Moons_of_Saturn_-_Infographic_(15628203777).jpg/Kevin Gill from Nashua, NH, United States
https://upload.wikimedia.org/wikipedia/commons/8/82/Enceladus_Cross-section.jpg/https://www.flickr.com/photos/5078505

LE SYSTÈME SOLAIRE, LE SOLEIL ET LES PLANÈTES

4@N03/36403387400/Author NASA-GSFC/SVS,NASA/JPL-Caltech/Southwest Research Institute
https://upload.wikimedia.org/wikipedia/commons/thumb/4/41/Enceladus_(14432622899).jpg/Kevin M.Gill Flickr set Hourly Cosmos
https://upload.wikimedia.org/wikipedia/commons/thumb/4/4d/PIA21913-DwarfPlanetCeres-OccatorCrater-SimulatedPerspective-20171212.jpg/NASA/JPL-Caltech/UCLA/MPS/DLR/IDA Ander weergawes Oblique view of crater
https://upload.wikimedia.org/wikipedia/commons/6/6d/Oberon_in_true_color_by_Kevin_M._Gill.jpghttps://www.flickr.com/photos/kevinmgill/50906003243/Author Kevin M.Gill
https://upload.wikimedia.org/wikipedia/commons/thumb/a/ac/Namibie_Hoba_Meteorite_02.JPG/GIRAUD Patrick
https://upload.wikimedia.org/wikipedia/commons/thumb/a/a4/Burns_cliff.jpg/NASA/JPL/Cornell modified from original by Tablizer at en.wikipedia
https://upload.wikimedia.org/wikipedia/commons/thumb/c/c4/PIA19048_realistic_color_Europa_mosaic_(original).jpg/NASA /Jet PropulsionmLab-Caltech /SETI Institute
https://upload.wikimedia.org/wikipedia/commons/0/0f/Titansurface-2-hi-1-.jpghttp://www.nasa.gov/
https://upload.wikimedia.org/wikipedia/commons/thumb/e/e7/Plutonian_system.jpg/NASA,ESA and G.Bacon (STScI)
https://commons.m.wikimedia.org/wiki/File:Orcus,_Earth_%26_Moon_size_comparison.png Wyattmars
https://upload.wikimedia.org/wikipedia/commons/5/51/Venus__September_4_2020_(51748449417).pnghttps://flickr.com/photos/53460575@N03/51748449417 KevinGill from Los Angeles, CA, United States
https://upload.wikimedia.org/wikipedia/commons/5/54/Venus_-_December_23_2016.png
https://www.flickr.com/photos/53460575@N03/50513674188/Autor Kevin M. Gill

www.ingramcontent.com/pod-product-compliance
Lightning Source LLC
Chambersburg PA
CBHW071955210526
45479CB00003B/945